Unterricht GEOGRAPHIE
Modelle · Materialien · Medien

Band 5: **Industriegeographie**

Autoren:
Manfred Schrader · Andreas Peter

Herausgeber:
Helmuth Köck

Wissenschaftlicher Redakteur:
Gerhard Meier-Hilbert

Aulis Verlag
Deubner & Co KG

CIP-Kurztitelaufnahme der Deutschen Bibliothek

Schrader, Manfred; Peter, Andreas:
Industriegeographie / Autoren: Manfred Schrader, Andreas Peter
Hrsg.: Helmuth Köck. — Köln : Aulis-Verlag Deubner, 1989.
  (Unterricht Geographie ; Bd. 5)
  ISBN 3-7614-1111-1

NE: Peter, Andreas:; GT

Unterricht Geographie · Reihenübersicht:

1 Geozonen
Von *Gerhard Meier-Hilbert* und *Ellen Thies*

2 Städtische Räume
Von *Claus Dahm* und *Henning Schöpke*

3 Agrargeographie
Von *Konrad Riess* und *Dieter Sajak*

4 Ökologie und Umweltschutz
Von *Jürgen Hasse* und *Winfried Wroz*

5 Industriegeographie
Von *Manfred Schrader* und *Andreas Peter*

6 Entwicklungsländer
Von *Gerhard Ströhlein* und *Josef Schnurer*

Küste und Meer
Von *Ute Braun* und *Matthias Willeke*

Bergbau/Energiewirtschaft
Von *Wolfgang Fraedrich*

Politische Räume
Von *Ulrich Brameier* und *Josef Schnurer*

Klima/Wetter
Von *Walter Lükenga*

Reise/Erholung
Von *Diether Stonjek* und *Gerhard Sasse*

Verkehr
Von *Helmut Brauer, Claus Dahm* und *Henning Schöpke*

Bevölkerung
Von *Gerhard Ströhlein* und *Ulrich Brameier*

Böden/Vegetation
Von *Gerhard Meier-Hilbert* und *Winfried Wroz*

Oberflächenformen
Von *Gerhard Meier-Hilbert*/NN

Räume im Wandel
Von *Diether Stonjek* und *Gerhard Sasse*

Weitere Bände sind geplant.

An der Reihe arbeiten folgende Autoren mit:

Ulrich Brameier,
Albrecht Thaer-Gymnasium, Hamburg

Helmut Brauer,
Universität Göttingen

Dr. *Ute Braun,*
Universität Hannover

Prof. Dr. *Claus Dahm,*
Universität Göttingen

Wolfgang Fraedrich,
Gymnasium Heidberg, Hamburg

Dr. *Jürgen Hasse,*
Universität Hamburg

Dr. *Walter Lükenga,*
Universität Osnabrück

Dr. *Gerhard Meier-Hilbert,* M. A.,
Hochschule Hildesheim

Andreas Peter,
Staatliches Studienseminar Wilhelmshaven

Konrad Riess,
Wilhelm Busch-Realschule, Bockenem

Dieter Sajak,
Universität Hannover

Gerhard Sasse,
Haupt- und Realschule Bissendorf

Josef Schnurer,
Robert-Bosch-Gesamtschule, Hildesheim

Henning Schöpke,
Gymnasium Gifhorn

Dr. *Manfred Schrader,*
Universität Hannover

Dr. *Diether Stonjek,*
Universität Osnabrück

Prof. Dr. *Gerhard Ströhlein,*
Universität Göttingen

Ellen Thies,
Bezirksregierung Braunschweig

Matthias Willeke,
Integrierte Gesamtschule Mühlenberg, Hannover

Winfried Wroz,
Joseph-von-Eichendorff-Gesamtschule, Kassel

Best.-Nr. 8405

Alle Rechte AULIS VERLAG DEUBNER & CO KG, Köln 1989

Umschlaggestaltung: Atelier Warminski, Büdingen

Textverarbeitung des Materialienteils: A. Schwarz, Köln

Titelphotos: Mit freundlicher Genehmigung des Ernst-Klett-Verlags entnommen aus:
Klett-Medien zur Geographie TERRA Nr. 401277

Gesamtherstellung: KAHM GmbH, Frankenberg/Eder

ISBN 3-7614-1111-1

Inhalt

INHALT

Vorwort 5

A. Einleitung 7

B. Didaktische Begründung und Gesamtplanungsfeld 8
1. Legitimation des Themas ‚Industriegeographie' 8
2. Auswahl und Begründung der Themenkreise und Beispielräume 8
3. Gesamtplanungsfeld zum Thema ‚Industriegeographie' (mit regionaler Zuordnung der Unterrichtseinheiten) 12

C. Basiswissen (mit Glossar) 13
1. Probleme, Fragestellungen, Forschungsbereiche der ‚Industriegeographie' 13
2. Allgemeingeographische Sachanalyse entsprechend dem Gesamtplanungsfeld ... 14
3. Glossar 22

D. Unterrichtsvorschläge 24
1. Braunkohlenabbau im Rheinischen Revier 24
2. Vom Rohstoff ‚Zuckerrübe' zum Zucker: Beispiel Zuckerfabrik Lehrte bei Hannover .. 27
3. Automobilindustrie in der BR Deutschland 29
4. Industrialisierung ohne Rohstoffe: Das Beispiel Singapur 31
5. Ökonomische und politische Einflüsse auf Industriestandorte und -mobilität: Beispiel Berlin (West) 32
6. Der Raum mit Wachstumsindustrie: Silicon Valley in Kalifornien/USA 36
7. Das Ruhrgebiet in der Krise — Hilfen oder Hemmnisse durch Regionalpolitik? 38
8. Industrialisierungsprobleme und -strategien in Entwicklungsländern: Beispiel Malaysia .. 41
9. Industrie und Regionalpolitik in der EG 44

E. Materialien zu den Unterrichtsbeispielen 47

F. Quellenverzeichnis
(inkl. weiterführender Literatur und Bezugsquellen von Material) 110

Vorwort

Orientierende Hinweise zur Reihe UNTERRICHT GEOGRAPHIE

Anlaß zur Planung und Herausgabe dieser Reihe ist die Tatsache, daß
— das Material (Fachliteratur, Medien, Materialien, i. e. S. etc.) zu den unterrichtlich relevanten allgemeingeographischen Themenkreisen und erst recht zugehörigen möglichen Raumbeispielen extrem verstreut vorliegt und als Folge davon für den einzelnen Lehrer weder überschaubar noch von heute auf morgen greifbar ist, der Unterricht mithin häufig vom gerade zufällig vorhandenen Material getragen wird,
— sorgfältige Vorbereitung und guter Unterricht mithin einen unverhältnismäßig hohen, letztlich jedoch nicht erbringbaren Zeitaufwand erfordern, zumal angesichts der Fachlehrertätigkeit in oft mehreren Jahrgängen,
— ein Großteil der Geographie erteilenden Lehrer fachlich nicht ausgebildet ist, also fachfremd unterrichtet,
— u. a. m.

Ziel dieser Reihe ist es daher, durch Zusammenstellung und unterrichtsbezogene Aufarbeitung und Strukturierung des für das jeweilige allgemeingeographische Thema und zugehörige Raumbeispiel erforderlichen Materials den Lehrer in seiner Vorbereitungsarbeit so zu unterstützen und dadurch zu entlasten, daß er frei wird für die gedankliche Durchdringung statt für die Suche des Materials, daß er dadurch dann über und nicht mehr in der Sache steht, daß er die unterrichtlichen Vermittlungsprozesse somit souverän organisieren kann, statt sich mehr schlecht als recht durchkämpfen zu müssen.

Daraus ergibt sich, daß jeder Band dieser Reihe ein Lehrer- und kein Schülerbuch ist, und zwar gedacht für den Lehrer der Sekundarstufe I aller Schulformen. Funktional ist jeder Band jedoch insofern auch wieder schülerbezogen, als seine Materialien großenteils per Vervielfältigung direkt in die Hand des Schülers gelangen, um dann von diesem bearbeitet zu werden.

Aus dem schulformübergreifenden Charakter dieser Reihe ergibt sich allerdings die Notwendigkeit einer schulformbezogenen Differenzierung hinsichtlich der Inhalte, Medien, Materialien, Erschließungstiefe usw. Hier muß dann jeder Lehrer selbst das für seine konkrete Situation Passende heraussuchen oder durch Überarbeitung herstellen.

Um die hier angesprochenen Zwecke nun zu erreichen, sind die Bände dieser Reihe i. d. R. wie folgt aufgebaut:
In der **Einleitung** wird einiges zu Zweck, Aufbau und Verwendung des jeweiligen Bandes gesagt.

In der **Didaktischen Begründung** geht es zunächst um die Legitimation des betreffenden Bandthemas. Danach werden aus dem somit begründeten Gesamtthema curricular und damit unterrichtsrelevante Teilthemen (Fragekreise) ausgegliedert und im sog. Gesamtplanungsfeld übersichtlich zusammengestellt. Zugleich weist dieses Gesamtplanungsfeld die ungefähre Schulstufenzuordnung und damit das curriculare Gefüge der ausgegliederten Teilthemen aus. Da diese jedoch ein hinreichendes Maß an Eigenständigkeit und innerer Abgeschlossenheit besitzen, können sie ganz nach Bedarf, also flexibel, verwendet werden.

Im **Basiswissen** wird das jeweilige Thema nach Maßgabe seiner im Gesamtplanungsfeld ausgegliederten Teilthemen allgemeingeographisch abgehandelt. Dem Charakter des Basiswissens entsprechend geht es dabei jedoch nur um grundlegende themenspezifische Sachaussagen. Abgeschlossen bzw. ergänzt wird dieses Basiswissen durch ein Glossar.

In den **Unterrichtsvorschlägen**, dem neben dem Medienangebot wichtigsten Teil eines jeden Bandes, werden die einzelnen Felder/Teilthemen des Gesamtplanungsfeldes nun mit konkreten Unterrichtsvorschlägen ausgefüllt. Diese haben i. d. R. folgenden Aufbau: spezielles, d. h. teilthemenbezogenes, meist regionalgeographisches, bisweilen auch thematisch erweitertes Planungsfeld, in dem per Übersicht gezeigt wird, wie die Erschließung des betreffenden Teilthemas gedacht ist; regionalgeographische Sachanalyse, zu verstehen als themenspezifische Analyse des betreffenden Raumbeispiels; methodische Analyse; Verlaufsplanung mit den wichtigsten Angaben zu Inhalten, Lehrer-/Schülerverhalten, Medien etc.

Die Medien/Materialien zu den einzelnen Unerrichtsvorschlägen sind dann in dem **Medienangebot** zusammengestellt. Dabei ist dieses Medienangebot zweigeteilt: Ein Teil umfaßt die eingebundenen Materialien (Kopiervorlagen, Tabellen, Karten, Diagramme etc.); der andere Teil beinhaltet in Gestalt einer Medientasche diejenigen Medien/Materialien, die nicht geheftet beigegeben werden können (z. B. Folien, Dias, Faltkarten, etc.).

Den letzten Abschnitt bildet das **Quellenverzeichnis**.

Auf der Grundlage dieser Konzeption müßte es möglich sein, die einzelnen Vorschläge direkt in Unterricht umzusetzen. Gestützt wird diese Erwartung durch die unterrichtliche Erprobung, die alle Unterrichtsvorschläge erfahren haben.

Verlag   **Herausgeber**

 Einleitung

Die starke Ausweitung der Industrieproduktion in den letzten Jahrzehnten stellt ein weltweites Phänomen dar. Neben dem industriellen Wachstum in den ‚klassischen' Industrienationen finden die Versuche zahlreicher Entwicklungsländer, ihre sozioökonomischen Schwierigkeiten ebenfalls durch Industrialisierung zu lösen, verstärkte Aufmerksamkeit. Energiekrisen und das Erkennen der Umweltprobleme haben in den letzten Jahren allerdings ein Umdenken bewirkt. Das wurde noch verstärkt durch eine weltweite Rezession, die eine hohe Arbeitslosigkeit und nur sehr geringe Investitionen zur Folge hatte.

Die Industriegeographie hat sich als relativ junge Teildisziplin international zu einem der wichtigsten Wachstumsbereiche innerhalb der Anthropogeographie entwickelt. Zahlreiche neue Veröffentlichungen boten neben eigenen Forschungsergebnissen der Autoren die Möglichkeit, spezielle industriegeographische Fragestellungen in diesem Band vorzustellen. Die Notwendigkeit dazu ergibt sich aus den neuen Richtlinien aller Schularten und -stufen, die verstärkt Rücksicht auf die weltweit größer gewordene Bedeutung der Industrie, aber auch auf die durch sie ausgelösten Probleme nehmen.

Das inhaltliche Ziel dieses Bandes besteht also darin, der gestiegenen curricularen Wichtigkeit industriegeographischer Fragestellungen durch Aufarbeitung unterrichtlich relevanter Themenkreise Rechnung zu tragen. Dazu gehören u. a.:

— Standortvoraussetzungen, räumliche Wirkungen, Grundlagen und Folgen bergbaulicher Aktivitäten (UE 1: Braunkohle). Die Zuordnung zum industriegeographischen Bereich ist notwendig, da es sich um industrielle Produktionsverfahren handelt, der Bergbau auch statistisch der Industrie zugeordnet wird und industrietypische Problem- und Konfliktbereiche dabei exemplarisch angesprochen werden können;
— Standortfaktoren, räumliche Interaktionen und ökonomisch-politische Einflüsse in Altindustrieländern, wobei kritische Fragen zur Regionalpolitik und zur Planung (z. B. UE 7: Ruhrgebiet) einen besonderen Stellenwert erhielten;
— Analysen über Rahmenbedingungen und räumliche Wirkungen von Wachstumsindustrien (UE 6: Silicon Valley/USA);
— Beispiele zur Industrialisierung in Entwicklungsländern (UE 4: Singapur und UE 8: Malaysia). Abweichend von den üblichen Schulbuchdarstellungen stehen nicht nur Grundlagen, Rahmenbedingungen und Rohstoffe im Blickpunkt, sondern Auseinandersetzungen der Schüler mit Entwicklungsstrategien und Planungskonzepten in sehr unterschiedlichen Staaten, wodurch zugleich exemplarische Erkenntnisse möglich sein können;
— Supranationale Zusammenschlüsse (UE 9: EG), die hier industriegeographisch und vor allem im Hinblick auf regionalpolitische Aktivitäten untersucht worden sind.

Gerade für industriegeographische Fragestellungen, bei denen umfassende Grundlagen und Rahmenbedingungen, aber auch die oft komplexen räumlichen Wirkungen betrachtet werden müssen, erweist sich die Konzeption dieser Reihe für die Sekundarstufe I als sehr geeignet. Während die üblichen Geographiebücher für die Schüler, aber auch die Lehrerhandbücher in der Regel mit wenigen Seiten auskommen müssen, wurde hier sowohl im fachlich-analytischen Teil, als auch bei den Arbeitsmaterialien für die Schüler auf Gründlichkeit und ausreichende Ausstattung Wert gelegt. In einigen Fällen wurde bewußt bis an die obere Grenze des zulässigen Anspruchsniveaus der Schulstufen gegangen, um auch den leistungsstärkeren und besonders motivierten Klassen (oder Gruppen) anregende Arbeitsmöglichkeiten anzubieten.

Dem Lehrer bleiben die didaktischen Aufgaben des Auswählens, des Weglassens, des Ergänzens, des Einordnens in den Arbeitsplan der Klasse.

Neben methodischen Anregungen in z. T. eingefügten Sonderkapiteln sind jeweils bei der Darstellung des Unterrichtsverlaufs entsprechende Hinweise zu finden. Bewußt wurden auch unkonventionelle, besonders interessante, (aber auch zeitaufwendige) methodische Ansätze vorgeschlagen, wie z. B. Planspiel, Arbeit am Luftbild oder Erarbeitung von Planungsstrategien in Entwicklungsländern.

Die durch die Konzeption dieser Reihe auch in diesem Band erreichten differenzierten Sachaussagen, aber auch die Möglichkeiten zu intensiver Methodenschulung an jeweils einem Fallbeispiel, stellen wichtige Ergänzungen zu den herkömmlichen Lehrerhandreichungen dar.

Im vorliegenden Band stammen die Kapitel B.3; C.1; D.1, 2, 4, 7, 8 und 9 von *M. Schrader*, die Kapitel B.1, 2; D.3, 5 und 6 von *A. Peter*. Die übrigen Teile des Bandes erstellten beide Autoren gemeinsam.

B Didaktische Begründung und Gesamtplanungsfeld

B.1 Legitimation des Themas ‚Industriegeographie'

Die Industrie beeinflußt unser Leben in starkem Maße. 46% des BIP werden durch sie erzielt. Wir leben in einer Industriegesellschaft. In der Schule werden im Geographieunterricht ‚Industrieländer' und ‚Entwicklungsländer' miteinander verglichen. Die wachstumsfreudige, industrieeuphorische Haltung der frühen 60er Jahre ist jedoch längst vorüber. Heute glaubt keiner mehr, allein durch mehr Industrie ließen sich die Wachstumsprobleme von Volkswirtschaften lösen. Auch Entwicklungsländer, die — unter ungünstigeren Voraussetzungen — diese Strategie verfolgten, stehen heute ernüchtert vor noch größeren Problemen. Fragen des Natur- und Umweltschutzes finden heute erhebliche Beachtung; Schüler nannten bei einem Brainstorming zum Thema Industrie vorwiegend negative Kennzeichen: Umweltverschmutzung, Profit, Rohstoffausbeutung, Automation = Arbeitslosigkeit. Die Schule hat hier die Aufgabe, ein differenziertes Bild der Industrie zu entwickeln und die Schüler zu befähigen, industrieräumliche Prozesse zu beschreiben, in ihren Auswirkungen zu verstehen und diese auch kritisch zu reflektieren.

Von dem Fortbestand und der Weiterentwicklung unserer Industriegesellschaft werden die Zukunftschancen der Bundesrepublik Deutschland in hohem Maße abhängen. Ohne Industrie ist die Sicherung der Arbeit, des materiellen Wohlstandes, der Freiheit, letztlich auch der Sicherheit und der Solidarität mit den Hilfsbedürftigen in unserer Gesellschaft nicht denkbar. Es ist daher eine Aufgabe des Geographieunterrichts, den Schülern diese elementaren Zusammenhänge deutlich zu machen. Die Schüler müssen wissen, daß unsere besonders ressourcenarme und exportabhängige Volkswirtschaft auch in Zukunft auf die Qualität unserer Forscher, den Ideenreichtum unserer Ingenieure und Techniker, die Zuverlässigkeit unserer Arbeiter, die Wendigkeit unserer Kaufleute, ja insgesamt auf die Leistungsbereitschaft aller angewiesen ist.

Es ist *auch* ein Verdienst des Geographieunterrichts, daß die junge Generation heute sensibel auf Strategien reagiert, die den beschleunigten Verbrauch der Rohstoffressourcen der Erde und eine zunehmende Belastung bis Zerstörung der natürlichen Umwelt zur Folge haben. Diese Strategien, die das aus der Landwirtschaft bekannte ‚Prinzip der Nachhaltigkeit' leichtfertig mißachten, können weder für Industrieländer noch für Entwicklungsländer als aussichtsreich angesehen werden. Unterrichtseinheiten, die in diese Richtung zielen, müßten daher als pädagogisch und fachwissenschaftlich fragwürdig bezeichnet werden.

Für diesen Band sind Unterrichtseinheiten entwickelt worden, die ökonomische und ökologische Grundeinsichten über die heutige Industriegesellschaft vermitteln. Dem Aspekt der Zukunftsrelevanz wurde dabei besondere Bedeutung zuerkannt. Damit soll auch die zukünftige Arbeitswelt der Schüler Berücksichtigung finden.

Die Unterrichtseinheiten versuchen, den Schülern die neueren Forschungsergebnisse der Fachwissenschaft nahezubringen. Sie sind zugleich so angelegt, daß bei den Fallstudien, die unterschiedlich große Räume behandeln, solide Grundkenntnisse, -fähigkeiten und -fertigkeiten der Geographie, und hier speziell der Industriegeographie, vermittelt werden. Stets wird vom Schüler eine rationale Auseinandersetzung mit den Fragen der Industrie gefordert.

Bei der Themenauswahl wurde versucht, dem Anspruch der Altersstufengemäßheit gerecht zu werden. Wie weit die Ansichten in der Geographie in diesem Punkt auseinandergehen, zeigen die zahllosen — stets als ‚signifikant' erachteten — Raumbeispiele in den Schulbüchern und Fachzeitschriften.

B.2 Auswahl und Begründung der Themenkreise und Beispielräume

Auf Industriebeispiele aus sozialistischen Staaten wurde bewußt verzichtet. Bei der Bearbeitung dieser Beispiele müßten der gesamtgesellschaftliche Hintergrund, Fragen der Kooperation innerhalb der sozialistischen Staaten und der Abhängigkeit von der UdSSR Berücksichtigung finden. Die wirtschaftliche Grundphilosophie der Zentralverwaltungswirtschaft mit ihrer Planausrichtung, die Zurückdrängung bis Negierung des Marktes mit seinen Folgen für den Verbraucher sowie Fragen zu Industrie und Umwelt wären weitere zentrale Aspekte.

Westliche Wissenschaftler können in sozialistischen Staaten keine Untersuchungen zu industriegeographischen Fragestellungen anstellen. Von Wissenschaftlern sozialistischer Staaten werden jedoch kaum geeignete Arbeiten vorgelegt. Lediglich über die territorialen Produktionskomplexe (TPK) gibt es eine Reihe sowjetischer Arbeiten. Eine fachwissenschaftlich fundierte Behandlung aus diesem Bereich wäre den Verfassern mithin kaum möglich.

Dieser Band beschränkt sich daher auf Unterrichtseinheiten zu industriegeographischen Problemen aus marktwirtschaftlich orientierten Räumen der Erde. Dabei bildet die Bundesrepublik Deutschland mit fünf der insgesamt neun Unterrichtseinheiten den Schwerpunktraum. Beide Fallstudien für die 5./6. Klasse und eine der beiden ‚Länderstudien' beziehen sich auf die Bundesrepublik. Für die unverzichtbare Behandlung von ‚Industrie und Politik' wurde das ebenfalls grundlegende Raumbeispiel Berlin (West) ausgewählt. Die Komplexität der Thematik, aber auch die Chance einer Berlinexkursion als Abschlußfahrt der Sek. I gaben den Ausschlag für die Entscheidung, diese UE für die 9./10. Klassenstufe zu konzipieren.

Wie aus dem Gesamtplanungsfeld ersichtlich, sind Fallstudie 1) und 2) für 5./6. Klassen, Länderstudie 3) und 4) für 7./8. Klassen und die Unterrichtseinheiten 5) bis 9) für 9./10. Klassen konzipiert.

Didaktische Begründung und Gesamtplanungsfeld

UE 1: Die Bundesrepublik Deutschland ist vergleichsweise arm an Rohstoffen. Lediglich Kali, Steinkohle und Braunkohle fördert sie in ausreichendem Maße selbst. Am *Beispiel des Braunkohletagebaues* sollen die Schüler die Arbeitsabläufe bei der Förderung beschreiben können, die landschaftsverändernden Wirkungen des Tagebaus erkennen und Rekultivierungsmaßnahmen kennenlernen.

Das Thema „Strom sparen" ist den Schülern nicht nur vom Sachunterricht der Grundschule her vertraut, es betrifft sie täglich persönlich. Nun sollen sie eines der Verfahren zur Stromgewinnung, das für die Bundesrepublik Deutschland und die DDR typisch ist, hier kennenlernen. Ein Verständnis für ökologische Zusammenhänge kann an dieser industriegeographischen Fallstudie aufgebaut werden, wenngleich im Unterricht die Beschreibung der Produktionsvorgänge wohl auch breiten Raum einnehmen wird.

UE 2: Schüler müssen wissen, daß auch agrarische Rohstoffe in Industriebetrieben weiterverarbeitet werden. Es bietet sich an, hierzu das *Beispiel „Vom Rohstoff ‚Zuckerrübe' zum Zucker"* zu wählen. Der Zuckerrübenanbau ist in der Bundesrepublik Deutschland weit verbreitet; die Verteilung der Zuckerrübenfabriken ermöglicht es, Grundkenntnisse der industriellen Standortlehre zu vermitteln.

Die Transportkostenempfindlichkeit der Zuckerrübe ist für die Schüler unmittelbar einsichtig: Neben dieser ‚einfachen Struktur' können die Schüler hier die Wechselbeziehungen zwischen landwirtschaftlichen Betrieben und Zuckerfabriken kennenlernen.

Die besonderen Arbeitsanforderungen, die die industrielle Zuckerrübenverarbeitung mit sich bringt, können dazu anregen, über betriebliche Arbeitsabläufe nachzudenken. Im methodischen Bereich führt die UE in die Auswertung einfacher thematischer Karten ein und schult die Schüler im Umgang mit Flußdiagrammen.

UE 3: In der UE „*Automobilindustrie in der Bundesrepublik Deutschland*" lernen die Schüler, die Bedeutung dieses Industriezweiges für die deutsche Volkswirtschaft einzuschätzen.

Im Alltag der Schüler hat das Auto eine viel größere Bedeutung als etwa die chemische Industrie. Diese Schüler-Vorkenntnisse sollen für den Unterricht nutzbar gemacht werden. In dieser industriegeographischen UE werden die Schüler höchstens am Rande alternative Transportmittel oder die Effizienz öffentlicher Personennahverkehrsmittel erörtern. Das Auto und damit auch die Autoindustrie werden hier als Phänomene angesehen, die für unsere Industriekultur ebenso kennzeichnend sind wie etwa die Plantagenwirtschaft für tropische Gebiete oder die Bewässerungswirtschaft für Trockenräume.

Die Schüler können in der UE u. a. die außerordentliche Verzahnung der Autoindustrie mit vorgelagerten Betrieben erkennen. Sie können so verstehen, weshalb der Autoindustrie eine Schlüsselbedeutung zukommt. Bei der Analyse der Produktionsstandorte wird ihr Raumverständnis geschult. Verschiedene Wirtschaftsräume der Bundesrepublik Deutschland werden hier erfaßt und zueinander in Beziehung gesetzt. Auswirkungen von Zweigwerken auf den regionalen Arbeitsmarkt lassen sich anhand der Autoindustrie leicht aufzeigen, ebenso die Ursachen und Folgen von Automation und Konzentration in der Industrie. Hieran können die Schüler Grundprinzipien und Tendenzen der Industrieentwicklung in marktwirtschaftlich orientierten Staaten erkennen. Damit könnte auch ein Beitrag zur zukünftigen Berufsfindung der Schüler geleistet werden.

Bereits auf der Klassenstufe 7./8. kann mit dieser UE ein Verständnis für weltwirtschaftliche Zusammenhänge aufgebaut werden. Viele Schüler kennen die Automarken und ihre Herkunftsländer recht genau. Zusammenhänge über Auswirkungen von Autoimport und -export auf die Industriebetriebe und -beschäftigten der beteiligten Länder können hier gut verdeutlicht werden.

UE 4: Die *Industrialisierung in Entwicklungsländern* wird am Beispiel Singapurs untersucht. Dieser Stadtstaat stellt ein Beispiel für erfolgreiche Industrialisierungsbemühungen dar. Der Standort Singapur gelangte in das Bewußtsein der deutschen Öffentlichkeit, als traditionsreiche deutsche Firmen begannen, aus Kostengründen arbeitsintensive Bereiche ihrer Produktion in das damalige ‚Billiglohnland' Singapur zu verlagern. Inzwischen ist dieser südostasiatische Stadtstaat längst nicht mehr nur ‚verlängerte Werkbank'; denn es ist gelungen, mit ausländischer Kapital- und Ausbildungshilfe eine leistungsfähige Industrie aufzubauen.

Wie ein Staat mit begrenzten Ressourcen an Industrieflächen und Arbeitskräften vom Billiglohnland zum Industriestaat westlicher Prägung aufsteigt, können die Schüler hier exemplarisch erfahren. Ferner werden in der UE Grundeinsichten über die Zusammenhänge von Infrastruktur, tertiärem Sektor und Industrieentwicklung in Entwicklungsländern aufgezeigt.

UE 5: Die *Bedeutung ökonomischer und politischer Einflüsse auf Industriestandort und -mobilität* erkennen die Schüler am Beispiel von Berlin (West). Die besondere Lage der Stadt und damit auch ihrer Industrie gehören zur geographischen Grundbildung jedes Schülers in der Bundesrepublik Deutschland. Daher bietet die UE auch über rein industriegeographische Fragestellungen hinaus Informationen zum historisch-politischen Umfeld der Stadt. Kenntnisse aus dem Unterricht der 8. Klasse über die Industriestandorte in der Bundesrepublik Deutschland sollen von den Schülern genutzt werden, um Standortvor- und -nachteile von Berlin (West) zu erklären. Im Sinne der ‚Rampenstruktur' oder ‚Lernspirale' sollen die Schüler ihr Wissen einsetzen. Im Bereich der Methodenschulung werden sie lernen, komplexere Statistiken zu interpretieren.

Kontroverse Texte informieren über die Art der Berlinhilfe und regen zur eigenen kritischen Stellungnahme an. So kann beim Schüler Verständnis für die besondere Situation Berlins aufgebaut werden. Zugleich aber wird die allgemeine Problematik arbeitsplatzsparender, kapitalintensiver Produktion deutlich. Dieses Grundproblem sowie eine der augenblicklich als erfolgversprechend eingestuften Lösungsstrategien — die Förderung innovationsorientierter Unternehmen — können die Schüler in dieser UE auf exemplarische Weise kennenlernen.

Für Schulklassen, die einen Berlinbesuch planen, bietet die UE wichtige Bausteine. Eine Erweiterung um Materialien zu stadt- und sozialgeographischen Fragestellungen wäre jedoch geboten.

UE 6: Auch bei der UE „*Raum mit Wachstumsindustrie — Silicon Valley in Kalifornien*" wurde der Versuch unternommen, regionalgeographische und allgemeingeographische Fragestellungen zu verbinden.

| Didaktische Begründung und Gesamtplanungsfeld | **B** |

Am Beispiel Kaliforniens kann den Schülern besonders deutlich gezeigt werden, wo die Möglichkeiten und Grenzen der Raumgestaltung durch den Menschen liegen. Kalifornien gleicht einer riesigen Experimentierbühne, auf der die Menschheit Möglichkeiten und Grenzen ihrer Superzivilisation erprobt. Das oftmals beklagte, verzerrte Amerikabild der Schüler wird zumindest facettenreicher, die intellektuelle und innovatorische Potenz des Landes wird erkennbar.

Durch die Begegnung mit diesem Raum wird ein Verständnis für eine den Schülern — zumeist nur durch das Fernsehen vermittelte — andere Lebens- und Denkweise angebahnt/vertieft.

Die Thematik der Wachstumsindustrie kann für die Berufswahl der Schüler von orientierender Bedeutung sein. Berufsaussichten, -möglichkeiten, -schwierigkeiten der Eltern werden u. U. zum ersten Mal reflektiert und/oder bewußter wahrgenommen und als Prozeß erkannt.

Der Schwerpunkt der Unterrichtseinheit könnte in der Analyse von raumprägenden und raumverändernden Faktoren liegen, eher aber noch in der Auseinandersetzung mit Gegenwartsfragen und -aufgaben. Sicherlich ist eine zukunftsorientierte Betrachtung dieses Themas besonders lohnend — ein Transfer auf die Verhältnisse in der Bundesrepublik drängt sich geradezu auf.

Das kalifornische Beispiel verschafft nicht nur einen Einblick in die Probleme der Raumgestaltung, sondern auch der Raumgefährdung. Bei dem allgemein-menschlichen Streben nach einem Optimum an Freiheit und Raumbeherrschung werden hier die Grenzen des Machbaren erkennbar. Die natürlichen Grenzen des Wirtschaftens scheinen in Kalifornien sichtbar bzw. für den Schüler vorstellbar zu werden. Das ist um so bedeutsamer, als Veränderungen der Lebensweise (und der Raumnutzung), die in Kalifornien stattfinden, in Amerika und in der westlichen Welt besonders sorgfältig registriert werden: Schon häufig wurden hier Entwicklungen, die für den Westen bedeutsam wurden, eingeleitet („Kaliforniens Pilotfunktion').

Kalifornien ist daher ein geeigneter Schwerpunktraum, an dem sich allgemeingeographische und regionalgeographische Aspekte erarbeiten und miteinander verknüpfen lassen, wobei eine zukunftsorientierte Sichtweise vorherrscht.

Bei der Behandlung der Wachstumsindustrie Mikroelektronik kommt es darauf an, dieses Phänomen nicht isoliert zu betrachten. Dann nämlich würde dem Schüler der Blick verstellt für die Ängste und Beschäftigungsprobleme, die dieser Wachstumssektor weltweit auslöst: Hier werden neue Arbeitsplätze geschaffen, weil sie in — programmierbaren — Bereichen wegrationalisiert werden. Trotzdem wird das Tempo der Einführung dieser neuen Verfahren nicht einzelbetrieblich, nicht einmal einzelstaatlich zu bremsen sein, da jeder Betrieb/jedes Land versucht, sich durch Innovationen auf neuen Märkten Wettbewerbsvorteile zu verschaffen. Daher müssen die Schüler auf diese ‚Gesetzmäßigkeit' aufmerksam gemacht werden.

UE 7: Mit dem *Ruhrgebiet* wird das bedeutendste *Altindustriegebiet* Deutschlands vorgestellt. Diese UE erhält dadurch einen besonderen Akzent, daß nicht nur der Weg in die Krise nachgezeichnet wird, sondern auch die Einflüsse und Auswirkungen staatlicher Maßnahmen detailliert vorgestellt werden. Sie sollen die Schüler zur Diskussion anregen.

Ferner lernen die Schüler in dieser UE auf exemplarische Weise Indikatoren und Methoden zur Bewertung von Industriestrukturen kennen: Sie werden erkennen, weshalb innerhalb des Ruhrgebietes regionale Disparitäten entstehen konnten, sich verschärften und heute mit Maßnahmen der Raumordnung und Regionalplanung — mühsam — bekämpft werden. Die ökologisch notwendigen, aber betriebswirtschaftlich schmerzhaften, da kostenintensiven Umweltschutzauflagen lassen einen Zielkonflikt deutlich werden, der in Zukunft sowohl regional als auch national an Bedeutung gewinnen wird. Hierzu sollen die Schüler — auf konkrete Materialien gestützt — Stellung beziehen können.

UE 8: Industrialisierungsprobleme und -strategien in Entwicklungsländern lernen die Schüler am Beispiel Malaysias kennen. Auch Malaysia hat — wie Singapur (4. UE) — den ‚westlichen' Weg der Industrialisierung beschritten und kann auf wirtschaftliche Erfolge zurückblicken. Diese beruhen auch auf der konsequenten Nutzung der reichlich vorhandenen natürlichen Ressourcen. Malaysia ist heute als ‚Schwellenland' ein Staat, in dem — statistisch betrachtet — jeder Bewohner ein ‚mittleres Einkommen' (im Weltmaßstab) bezieht. Typisch und damit stellvertretend für viele Entwicklungsländer sind dabei jedoch die tiefgreifenden regionalen Disparitäten.

Diese Probleme können die Schüler anhand der Analyse von fünf Indikatoren erkennen: Bevölkerungsverteilung, regionale Verteilung des BIP/Kopf, Anteile der Haushalte unterhalb der Armutsgrenze, ethnische und regionale Verteilung der Arbeitslosigkeit und Lage der industriellen Arbeitsplätze.

Exemplarisch für viele Staaten der 3. Welt kann der Konflikt zwischen ethnischen — und zugleich religiösen — Gruppen als Folge der Kolonialherrschaft herausgearbeitet werden. Die Schüler werden mit den Industrialisierungsstrategien der Importsubstitution und der exportorientierten Industrialisierung vertraut gemacht. Dabei werden sie auch die Frage diskutieren, ob durch industriebezogene Regionalpolitik die regionalen Ungleichgewichte abgebaut werden (können).

Bereits beim Ruhrgebiet konnten die Schüler Maßnahmen zur Industrieförderung studieren; bei dieser Fallstudie aus dem asiatischen Raum werden diese Kenntnisse erweitert und vertieft.

UE 9: Die UE *„Industrie und Regionalpolitik in der EG"* bietet Gelegenheit, Fragen der europäischen Einigung aus geographischer, insbesondere industriegeographischer Sicht zu beleuchten. Zugleich kann hier die EG als Territorium und thematische Einheit vorgestellt werden. Damit hat diese UE für die Schüler der 10. Klasse zugleich Synthesecharakter.

Die Industriepolitik der EG wird zweifellos eher vom — ökonomischen — Sinn der EG überzeugen können als die EG-Agrarpolitik, die ja auf viele Schüler angesichts des Hungers in weiten Teilen der Dritten Welt geradezu aufreizend wirkt.

Dabei ist das übergeordnete Ziel eines engeren Zusammenschlusses der europäischen Völker auch unter den Jugendlichen unbestritten. Jugendaustausch und Ferienreisen in europäische Nachbarländer lassen sie diesen Fortschritt persönlich erfahren.

Auch die allgemeinen Vorteile, die eine volkswirtschaftliche Verflechtung eines Gemeinschaftsraumes nach sich ziehen, werden von den Schülern im Unterricht

Didaktische Begründung und Gesamtplanungsfeld

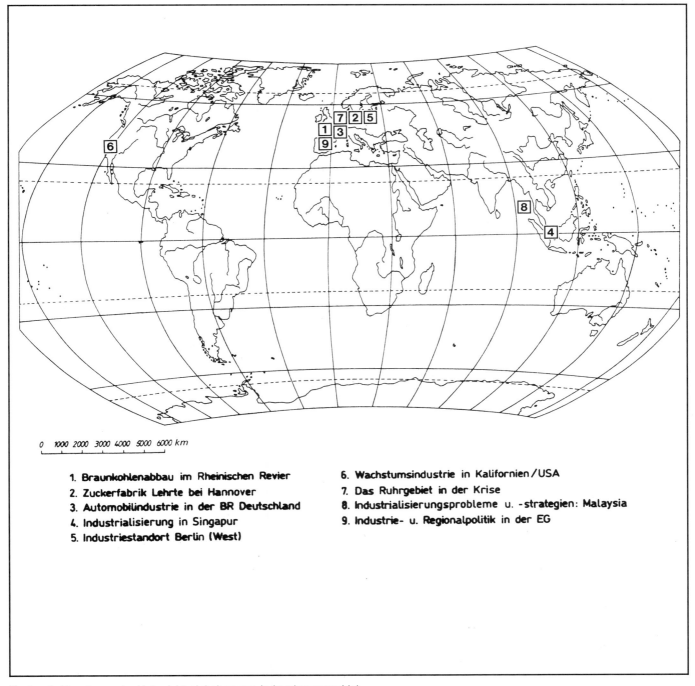

1. Braunkohlenabbau im Rheinischen Revier
2. Zuckerfabrik Lehrte bei Hannover
3. Automobilindustrie in der BR Deutschland
4. Industrialisierung in Singapur
5. Industriestandort Berlin (West)
6. Wachstumsindustrie in Kalifornien/USA
7. Das Ruhrgebiet in der Krise
8. Industrialisierungsprobleme u. -strategien: Malaysia
9. Industrie- u. Regionalpolitik in der EG

Regionale Zuordnung der Unterrichtseinheiten zur ‚Industriegeographie'

unschwer erkannt. Auf den industriellen Sektor reduziert, bedeutet dies:
— Die Käufer verfügen über eine größere Auswahl.
— Die modernen Verfahren in der Industrie sind durch die Kostenvorteile großer Serien gekennzeichnet. Diese ‚economies of scale' sind in der EG eher als im nationalen Rahmen zu verwirklichen.
— Die Mobilität der Produktionsfaktoren Kapital und Arbeit trägt dazu bei, daß diese in den Sektoren und Regionen eingesetzt werden, in denen sie am leistungsfähigsten sein können.

Seit der Gründung der EG bildet die ‚Integration' das Ziel der gemeinsamen Bemühungen. Integration bedeutet dabei einerseits *Verflechtung* von Strukturen und Funktionen des Zusammenlebens, zum anderen *Zusammenwachsen* von bislang nebeneinander bestehenden Räumen — aber auch *Ausgleich von Gegensätzen* (Disparitäten).

Die regionalen Disparitäten innerhalb der EG werden noch lange Zeit ein zentrales Problem auf dem Weg zur Wirtschaftsunion darstellen.

Ausgewählte Indikatoren erleichtern es den Schülern, diese Ungleichgewichte zu erfassen, darzustellen und zu bewerten. Mit dem europäischen Regionalfonds lernen sie ein Förderinstrument der EG kennen. Seine Wirksamkeit sollen sie allgemein und anhand ausgewählter regionaler Beispiele bewerten lernen.

Didaktische Begründung und Gesamtplanungsfeld **B**

B.3 Gesamtplanungsfeld zum Thema ‚Industriegeographie'

Klasse

5./6. I. Grundlagen und Folgen des Abbaus von Bodenschätzen

        1. Braunkohlenabbau im Rheinischen Revier

II. Vom Rohstoff zum industriellen Endprodukt

        1. Vom Rohstoff ‚Zuckerrübe' zum Zucker: Beispiel Zuckerfabrik Lehrte bei Hannover

7./8. III. Aktuelle Industrialisierung in Industriestaaten

        3. Automobilindustrie in der BR Deutschland

IV. Industrialisierung in Entwicklungsländern

        4. Industrialisierung ohne Rohstoffe: Das Beispiel Singapur

9./10. V. Industriestandort/Industriemobilität — ökonomische und politische Einflüsse

        5. Ökonomische und politische Einflüsse auf Industriestandorte und Mobilität — Beispiel Berlin (West)

        6. Der Raum mit Wachstumsindustrie: Silicon Valley in Kalifornien/USA

VI. Industrie und Planung/Raumordnung/Regionalpolitik

        7. Das Ruhrgebiet in der Krise — Hilfen oder Hemmnisse durch Regionalpolitik?

Regionen

        8. Industrialisierungsprobleme und -strategien in Entwicklungsländern: Beispiel Malaysia

Staaten

        9. Industrie und Regionalpolitik in der EG

Großräume

I.–VI.: industriegeographische Themenkreise
1.–9.: regionale Fallbeispiele, zugleich Unterrichtseinheiten

C Basiswissen (mit Glossar)

Erst seit den 60er Jahren hat die Industriegeographie als einer der jüngsten Teilbereiche der geographischen Wissenschaft damit begonnen, den Nachholbedarf in der Forschung aufzuholen. Neben neuen Problemen in den Altindustrieregionen Europas und Nordamerikas sind vor allem Fragen zur Industrialisierung der Dritten Welt getreten.

C.1 Probleme, Fragestellungen, Forschungsbereiche der Industriegeographie

Die folgenden drei Schemata sollen einen Überblick über aktuelle Probleme, Fragestellungen und Forschungsbereiche der deutschen Industriegeographie geben.

I. nach Otremba (1975)

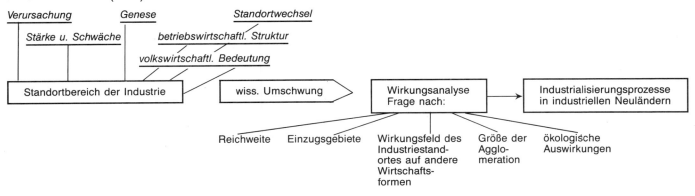

II. nach Maier und Weber (1979):

- Analyse raumwirksamer Entscheidungsträger
- Darstellung verschiedener Standortfaktoren von Industriebetrieben, ihrer Struktur und räumlichen Verflechtungen
- Analyse bestehender Verflechtungsebenen mit anderen Bereichen wirtschaftlicher, sozialer und politischer Aktivität
- Analyse der Probleme bestehender und ständig zunehmender Flächenkonkurrenzen (Standortwirkungsanalyse)
- Verknüpfung klassischer industriegeographischer Ansätze mit geoökologischen Analysen
- Regionalwirtschaftslehre/Raumwirtschaftstheorie

Ansatz für weiterführende Themen → Analyse von Kräften, die industriegeographisch relevante Strukturen beeinflussen

Unternehmer oder betrieblicher Entscheidungsträger
- Betrachtungen der unternehmerischen Zielfunktion (Erwartungs- und Entscheidungshorizonte)
- Analyse des Produktionssystems
- Analyse des Absatz- und Sozialsystems sowie die dabei auftretenden spez. Reichweiten und Raumdimensionen

staatl. Organisationen bzw. ihre Träger (Einfluß politischer Kräfte)

Arbeitnehmer (bisher weitgehend nur Analyse des räumlichen Pendlerverhaltens)

III. nach Gaebe und Hendinger (1980):

Raumrelevantes Entscheidungsverhalten der Unternehmerpersönlichkeit in bezug auf
- Investitions-, Mobilitäts- und Ansiedlungsentscheidungen
- Unternehmensorganisation (Kooperation, Konzentrationsprozesse etc.)
- Verbindung von Unternehmen und Umwelt
- Liefer-, Kontakt- und Austauschsysteme

Ableitungen der Industriestandorte
- durch Annahmen über Variablen
  = normativ-deterministische Standortmodelle (ohne Beachtung der Unternehmensgrößen, Organisationsformen, Leistungsverflechtungen)
- durch empirische Untersuchungen der Variablen
  — empirisch-behavioristische Modelle (z. B. Untersuchungen von Neugründungen, Verlagerungen, Stillegungen von Industriebetrieben; Industrie im Rahmen von Raumordnung und Planung)

Politische und ökonomische Einflüsse auf Industriemobilität
- Beschreibung und Erklärung von Ansiedlung und Standortmobilität
- Erfolg oder Mißerfolg der staatlichen Ansiedlungsförderung
  — in strukturschwachen ländlichen Räumen
  — bei staatlichen Ansiedlungsbeschränkungen in Verdichtungsräumen
  — im Ausland

Industrialisierungsprozesse und Regionalentwicklung

Basiswissen (mit Glossar)

C.2 Allgemeingeographische Sachanalyse entsprechend dem Gesamtplanungsfeld
(vgl. S.12)

C.2.1 Grundlagen und Folgen des Abbaus von Bodenschätzen

Zu: UE „Braunkohlenabbau im Rheinischen Revier" (vgl. Kap. D.1).
Seit 1977 gehört der Bergbau in der Bundesrepublik Deutschland auch statistisch gesehen mit der Industrie i. e. S. zusammen zum ‚Produzierenden Gewerbe'. Der Einsatz und die Bedeutung ‚industriemäßiger' Großverfahren ist besonders beim Braunkohlen*tagebau* unmittelbar einsichtig.
Wichtigste Voraussetzung für die Bildung von Kohlenlagerstätten sind günstige Entwicklungsmöglichkeiten der Pflanzenwelt (Klima!) und ein langsam absinkender Untergrund, damit das absterbende Pflanzenmaterial möglichst schnell bedeckt und damit vom Luftsauerstoff weitgehend abgeschlossen wird. Durch chemische und mikrobiologische Prozesse (‚Inkohlung') entsteht zuerst Torf, später Braunkohle, schließlich Steinkohle. Genaueres hierzu findet man bei *Flecke* u. a. (1981, S. 14), denen auch die folgende Tabelle entnommen ist:

Inkohlungsreihe — bezogen auf aschen- und schwefelfreie Substanz						
Inkohlungsreihe	Spez. Gewicht	Heizwert MJ/kg	kcal/kg	Wasser in %	Flüchtige Bestandteile in % der Trockensubstanz	Kohlenstoff in % der Trockensubstanz
Holz	0,2–1,3	~ 14,65	~ 3 500	(trocken)	80	50
Torf	1,0	6,28– 8,37	1 500–2 000	60–90	65	55–65
Weichbraunkohle	1,2	7,54–12,56	1 800–3 000	30–60	50–60	65–70
Hartbraunkohle	1,25	16,75–29,31	4 000–7 000	10–30	45–50	70–80
Flamm-Fettkohle	1,3	29,31–33,40	7 000–8 000	3–10	17–45	80–90
Eß-Magerkohle	1,35	33,49–35,59	8 000–8 500	3–10	7–17	90–93
Anthrazit	1,4–1,6	33,59–37,68	8 500–9 000	1– 2	4– 7	93–98
Zum Vergleich: Erdgas (m³) Erdölgas (m³)	MJ/kg 31,82 40,74	kcal/kg 7 600 9 730	Erdöl (kg) Wasserkraft (kWh)	MJ/kg 42,29 9,95	kcal/kg 10 100 2 377	Elektrischer Strom (kWh) MJ/kg 3,60 kcal/kg 860

Wegen des hohen Wasseranteils ist Braunkohle sehr ‚transportkostenempfindlich'. Daher wird sie entweder in Kraftwerken in unmittelbarer Grubennähe zur Stromerzeugung verwendet oder zu einem kleinen Teil ‚veredelt' zu Brikett, Braunkohlenstaub oder Feinkoks. Neue Verwendungsmöglichkeiten (z. B. Synthesegas, flüssige Kohlenwasserstoffe) werden erforscht bzw. erprobt.
Relativ große Bedeutung für die Energiegewinnung der Gegenwart und Zukunft besitzt Braunkohle aber nur in wenigen Staaten, und zwar (vgl. folgende Tabelle, für die Bundesrepublik vgl. M 1.5):

	Sichere Vorräte[1]) (Stand: 1977) in Mrd. t	Förderung 1982 in Mio. t	in % der Weltproduktion
BR Deutschl.	35	127,4	11,8
DDR	30	276,0	25,6
USA	176	48,8	4,5
UdSSR	107	162,7	15,1
CSSR	.	98,9	9,2

66,2 % der Weltproduktion. Restliche Staaten haben jeweils weniger als 5 % d. Weltproduktion.

[1]) die als z. Zt. wirtschaftlich gewinnbar gelten
Quelle: Alexander Statistik (1982); *Brecht* (1984)

Nach der ‚Preisexplosion' auf dem Welterdöl- und -gasmarkt und wegen der bekannten Probleme mit der Kernenergie hat die Bedeutung der Braunkohle noch zugenommen.
Während die technischen Probleme des Abbaus und des Transports durch die Entwicklung von Großgeräten (vgl. M 1.1, M 1.2 und M 1.4) weitgehend gelöst worden sind, verschärft sich die Diskussion
— wegen zunehmender Umweltprobleme (Staub- und Lärmbelästigung, Grundwasserentzug, Erdbebengefahr, Verödung der Landschaft und des Bodengefüges usw.),
— wegen der Notwendigkeit von Umsiedlungen,
— wegen planerischer, raumordnungspolitischer und allgemeinpolitischer Zielkonflikte.
Die wichtigsten Folgeprobleme (z. B. Rekultivierung, Umsiedlungen) sind bisher lediglich im rheinischen Braunkohlenrevier, überwiegend sogar im Konsens mit der betroffenen Bevölkerung, gelöst worden.

C.2.2 Vom Rohstoff zum industriellen Endprodukt

Zu: UE „Vom Rohstoff ‚Zuckerrübe' zum Zucker" (vgl. Kap. D. 2).
Die Zuckerrübenindustrie verarbeitet Rohstoffe, die wegen ihres geringen Wertes je Gewichtseinheit ‚transportkostenempfindlich' sind (Verein der Zuckerindustrie, 1975, S. 48). Das gilt im Prinzip noch immer, obwohl moderne Transportmittel und Kosteneinsparungen durch kapitalintensive Großfabriken den Konzentrationsprozeß der Zuckerindustrie und die damit verbundene Vergrößerung der Einzugsbereiche ermöglichten. Zusammenfassend läßt sich der Wandel der Zuckerindustrie in der Bundesrepublik während der letzten Jahrzehnte durch folgende Stichworte kennzeichnen: Erschließung neuer Anbaugebiete, Konzentration durch Fusion, Stillegung und Kapazitätserweiterung, Substitution von Arbeit durch Mechanisierung, optimale Kampagnedauer und Diversifizierung der Produktion (z. B. Flüssigzucker in Tankwagen für die Industrie).
Vor allem durch das hohe Lohnniveau (Steigerung von 1950 bis 1975 um 580 %) war der Zwang zu den

Basiswissen (mit Glossar)

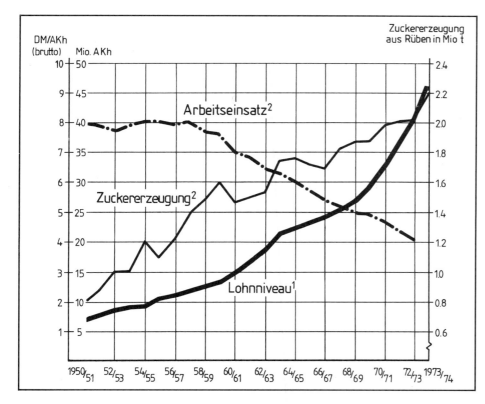

Lohnsteigerung und Arbeitseinsparung in der Zuckerindustrie 1950/51 bis 1973/74 (ZWJ) (Quelle: *Andreae* 1975a, S. 52)

1) Durchschnittliche Facharbeiterlöhne in der niedersächsischen Zuckerindustrie
2) Gleitende Dreijahresmittel, letzter Wert = Einjahreswert

genannten Maßnahmen erforderlich geworden. Schüler können das an der veränderten Zahl der Kampagneaushilfskräfte („Saisonarbeiter", vgl. M 2.8) oder an sichtbarer Technologie (Rübenlager, vgl. Luftbild) erahnen.

Die Bindung der Landwirte an die Zuckerfabriken ist eng; denn teilweise besitzen sie Aktien der Unternehmen. Darüberhinaus haben sie in der Regel feste Rübenanbauverträge, die die Abnahme bestimmter Kontingente zu festen Preisen in Abhängigkeit vom Zuckergehalt garantieren. Andererseits holen sie (oder Futtermittel-

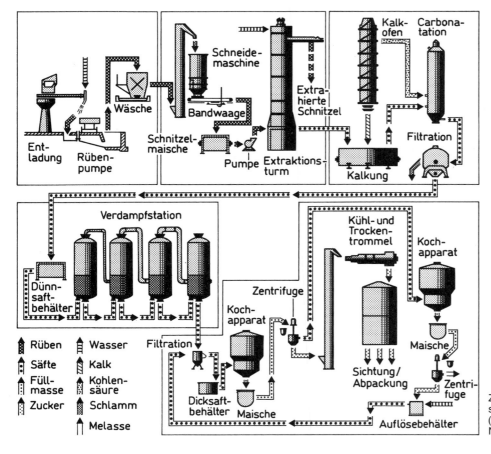

Zucker (Quelle: Centrale Marketinggesellschaft der deutschen Agrarwirtschaft mbH (CMA), Hrsg. 1983, a. a. O. dort als Farbfolie Nr. 10 vorhanden)

Basiswissen (mit Glossar)

werke) die ausgelaugten Rübenschnitzel in loser oder gepreßter Form (Pellets) als wertvolles Viehfutter von der Fabrik (vgl. M 2.2 und M 2.4).

Der Produktionsvorgang der Zuckergewinnung ist der vorstehenden Abbildung zu entnehmen. Die für Schüler in dieser Altersstufe einsichtigen Teile sind in M 2.4 eingearbeitet. Hier soll nur eine Kurzdarstellung gegeben werden (ausführlich in: Lehrerbegleitheft und Foliensatz der Centralen Marketinggesellschaft der deutschen Agrarwirtschaft mbH; Adresse im Quellenteil):

— Entladung durch Wasserstrahl, Weitertransport durch fließendes Wasser, später durch Transportbänder.
— Rübenwäsche: Entfernen der Blattreste und der Erde.
— Zerschneiden in der Schneidemaschine: Der im Saft der Zellen enthaltene Zucker kann austreten, größere Oberfläche für Extraktionsflüssigkeit (Wasser).
— Im Extraktionsturm (‚Auslaugungsturm‘) wird durch Überbrühen mit Wasser der in gelöster Form in den Zellen vorhandene Zucker herausgeholt. Den ‚frischen Schnitzeln‘ wird weiterer Zucker entzogen; nach einer Trocknung gelangen die Trockenschnitzel in loser oder gepreßter Form an Landwirte oder Futtermittelfabriken zum Verkauf.
— Saftreinigung: durch Zusetzen von Kalkmilch ($Ca(OH)_2$), ‚Kalkung‘ und CO_2 (‚Carbonation‘) lassen sich die Nichtzuckerstoffe aus dem Saft entfernen, das ausgefällte Calciumcarbonat ($CaCO_3$) wird in Filtern abgetrennt; der klare, hellgelbe ‚Dünnsaft‘ bleibt übrig (ca. 14 % Zuckeranteile).
— ‚Dünnsaft‘ wird in der ‚Verdampfstation‘ durch Verdampfen der Wasseranteile zu ‚Dicksaft‘ (65—70 % Zuckergehalt); Kristallisation beginnt (ca. 45 % Zuckerkristalle, der Rest besteht aus zähflüssigem Sirup).
— Trennung des kristallisierten Zuckers vom Sirup in Großzentrifugen, gleichzeitig ‚Abwaschen des Sirups‘ von den Kristallen.
— Der entstandene Weißzucker (Grundsorte) wird getrocknet, gekühlt, ‚gesichtet‘ (gesiebt) und als verkaufsfähige Ware sofort abgepackt oder in Silos zwischengelagert.
— Weiterverarbeitung des abgeschleuderten Sirups: erneute Eindickung im Kochapparat, bis wieder Kristallisationsvorgang einsetzt. Die hier entstehenden Zwischenprodukte (‚Rohzucker 1‘ und ‚Nachprodukt‘) werden durch Filtration, Zugabe von Aktivkohle in besonderen Verfahren zu dem besonders reinen Zucker, der ‚Raffinade‘, verarbeitet. Raffinade ist Ausgangsprodukt für Spezialsorten, wie z.B. Puderzucker, Kandis, Würfelzucker oder Einmachzucker. Die Lebensmittel- und Getränkeindustrie verarbeitet Raffinade oft als Flüssigzucker (besonders transportkostengünstig).

Der ‚Restsirup‘, die Melasse, ist Ausgangspunkt zur Herstellung unterschiedlichster Erzeugnisse u. a. der Lebensmittelindustrie (z. B. bei der Herstellung von Backhefe) oder der pharmazeutischen Industrie (z. B. zur Gewinnung von Antibiotika).

C.2.3 Aktuelle Industrialisierung in Industriestaaten

Zu: UE „Automobilindustrie in der BR Deutschland" (vgl. Kap. D.3).

Als eine der jüngsten Branchen hat die Automobilindustrie in beachtlicher Weise das industrielle Wachstum beschleunigt und unmittelbar wie auch mittelbar enorme räumliche Veränderungen bewirkt. Automobilfabriken schufen Ballungsräume oder ließen sie wachsen und setzten umfangreiche Pendlerströme in Gang.

In einigen Automobilmetropolen wie Detroit, Turin oder Wolfsburg kam es zu weitgehender wirtschaftlicher und politischer Abhängigkeit dieser Städte von den Autounternehmen.

Andere Städte warben massiv um Ansiedlung von Automobilfabriken und erstellten auf Gemeindekosten die kostspielige Infrastruktur.

In allen Industriestaaten hat im Bereich der Automobilindustrie ein extremer Konzentrationsvorgang stattgefunden, der noch nicht seinen Abschluß gefunden hat. 1919 gab es allein in Deutschland 129 Firmen, die zumeist in Einzelanfertigung Autos bauten. Heute gibt es noch 12 Firmen in Westeuropa! Noch krasser ist der Wandel in den USA: Gab es 1914 noch 300 Autobauer, vor dem 2. Weltkrieg noch 40, so werden jetzt 90 % der US-Autoproduktion von den drei ‚Giganten‘ General Motors (GM), Ford und Chrysler beherrscht (vgl. *Brücher* 1982, S. 111 ff.). 90 % aller in Italien produzierten Wagen stammen von Fiat.

Gerade in der Automobilindustrie zwingen Entwicklungskosten und weltweite Konkurrenz zu rationeller Großserienproduktion. Hinzu tritt die Bedeutung der Lohn- und Lohnnebenkosten. Bei VW z.B. betragen inzwischen die Lohnnebenkosten 117 % der Lohnkosten.

Einzelne Länder versuchen, ihre eigene Industrie dem wachsenden Konkurrenzdruck durch Protektionismus zu entziehen: Sie schließen bilaterale Selbstbeschränkungsabkommen wie die USA mit Japan, bauen Handelshemmnisse unterschiedlichster Art auf oder verlangen einen nationalen Fertigungsanteil. So gibt es beispielsweise in den USA den Gesetzesantrag, der vorschlägt, daß ausländische Firmen, die über 100 000 Einheiten pro Jahr auf dem US-Markt absetzen, einen nationalen Mindestfertigungsanteil einhalten sollen („local-content-bill"). Die USA wollen damit Beschäftigung in ihr Land verlagern und die Devisenabflüsse begrenzen.

1986 wurden weltweit 45,7 Mio. (1982: 36,4 Mio.) Autos produziert; davon allein 13,2 Mio. in den USA, 13,7 Mio. in Westeuropa und 12,3 Mio. in Japan. Wie sich Autoproduktion und -export in den letzten 20 Jahren entwickelten, zeigt nachfolgende Tabelle/Graphik.

Basiswissen (mit Glossar)

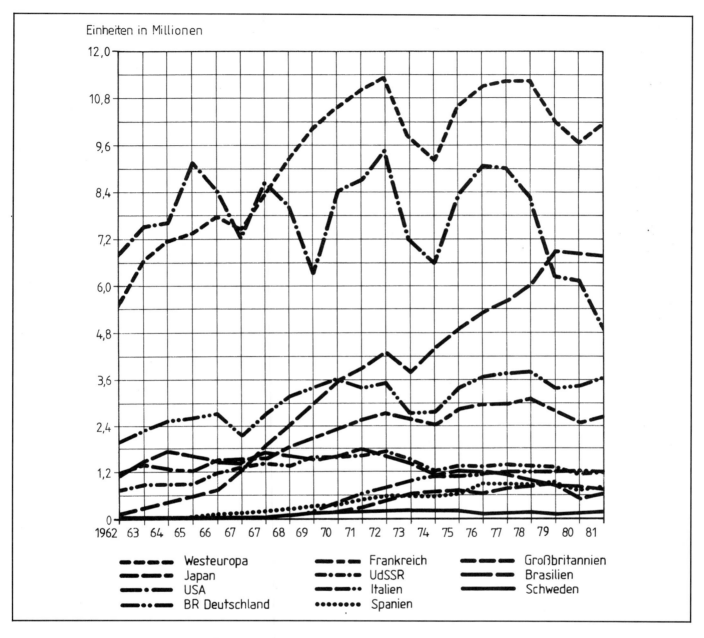

Anteile an der Weltproduktion in % (Quelle: Daimler-Benz Geschäftsbericht 1983)

	1960	1965	1970	1975	1978	1979	1980	1981	1982
BR Deutschl.	14,2	14,2	15,6	11,5	12,3	12,5	12,0	12,8	13,8
Frankreich	9,0	7,1	10,0	10,1	9,8	10,2	10,0	9,3	10,2
Großbrit.	10,6	8,9	7,0	5,0	4,0	3,5	3,3	3,4	3,3
Italien	4,4	5,7	7,6	5,4	4,7	4,7	4,9	4,5	4,8
Schweden	0,9	0,9	1,2	1,3	0,8	0,9	0,8	0,9	1,1
Spanien	0,3	0,8	2,0	2,8	3,1	3,1	3,5	3,1	3,4
UdSSR	1,1	1,1	1,5	4,8	4,1	4,2	4,5	4,7	4,8
Japan	1,3	3,6	14,1	18,1	18,1	19,6	24,1	24,9	25,3
USA	52,4	48,6	29,0	26,6	28,9	26,8	21,8	22,3	18,6
Brasilien	0,3	0,5	1,1	3,1	2,9	3,0	3,4	2,2	2,7

Exportanteil an der Produktion in % (Quelle: Daimler-Benz Geschäftsbericht 1983)

	1960	1965	1970	1975	1978	1979	1980	1981	1982
BR Deutschl.	47,6	51,9	55,2	50,8	49,0	50,8	53,2	54,5	58,3
Frankreich	43,7	37,0	52,6	53,5	50,8	52,7	52,1	53,4	52,7
Großbrit.	42,1	36,4	43,3	40,7	37,1	37,2	37,5	32,5	35,3
Italien	33,2	28,2	37,0	49,0	42,4	43,7	35,4	33,7	33,7
Schweden	44,7	48,5	65,5	68,7	81,3	80,3	80,2	81,0	79,0
Spanien			8,2	22,1	37,9	41,1	47,8	50,6	53,4
UdSSR	keine Angaben								
Japan	4,2	14,5	22,8	40,0	49,0	50,2	56,1	56,6	54,8
USA	2,2	2,2	5,5	9,5	7,3	8,8	8,8	8,1	7,0
Brasilien			7,3	9,0	8,5	12,3	26,8	17,9	

17

Basiswissen (mit Glossar)

C.2.4 Industrialisierung in Entwicklungsländern

Zu: UE „Industrialisierung ohne Rohstoffe" (vgl. Kap. D.4).

Um die „Formen der Industrialisierung in einem Entwicklungsland" analysieren zu können, bedarf es der Einsicht in den „Strukturwandel unter dem Einfluß moderner Technik und industrieller Produktionsweisen" (vgl. *Zentralverband der Deutschen Geographen,* 1980). Der Prozeß der Industrialisierung ist eng mit der zumeist kolonialen Vergangenheit, der Bevölkerungsentwicklung, der Landwirtschaft und dem tertiären Sektor verbunden. Erst die Überwindung der häufig vorhandenen Störungen innerhalb dieses Beziehungsgefüges erlaubt einen erfolgreichen Fortgang der Industrialisierung (*Brücher* 1982, S. 175). Erst dann können die Hauptziele, nämlich Beseitigung der Arbeitslosigkeit und Erhöhung der Volkseinkommen, mit Aussicht auf Erfolg in Angriff genommen werden.

Der internationale Wettbewerb erfordert sowohl für eigene Industriegründungen als auch für die häufig notwendige ausländische Beteiligung von Investoren das Vorhandensein günstiger Standortbedingungen, wie z. B. leistungsfähige Infrastruktur, qualitativ ausreichendes Arbeitskräfteangebot zu vergleichsweise günstigen Konditionen (Lohn- und Lohnnebenkosten), staatliche Hilfen (Steuern, Zölle, Subventionen, Industrieflächen, Fabriken). Ist ein aufnahmefähiger Binnenmarkt nur begrenzt vorhanden, müssen die räumlichen (große Märkte in der Nähe) und politischen Bedingungen (Exportförderung) für den Export günstig sein.

Kleine, relativ volkreiche Staaten (z. B. Singapur, Hongkong) unterliegen Sonderbedingungen, da agrarische und andere Rohstoffe oft fehlen und die Industrieflächen begrenzt sind. Nur bei gegebenen Lagevorteilen und entsprechend günstigen politisch-ökonomischen Rahmenbedingungen ist eine positive Industrieentwicklung möglich. Wegen der begrenzten Ressourcen (Industrieflächen, Arbeitskräfte) ist ein kontinuierlicher Aufstieg zur Industrienation notwendigerweise verbunden mit der Entwicklung vom Billiglohnland zu einem Staat, dessen Industrie sich auf kapitalintensivere, technologisch hochstehende Produktionsverfahren und Industrieprodukte konzentriert. Eine enge Kooperation mit einem modernen tertiären Sektor ist unabdingbar. Der Modellcharakter dieser Industrieentwicklung kleiner volkreicher Staaten und ein möglicher Transfer auf Flächenstaaten ist allerdings umstritten. *Kim* (1973; zit. bei *Mikus* 1978, S. 74) stellt folgende Stufen der Industrialisierung von Entwicklungsländern vor:

— Ausfuhr von Rohstoffen wird durch Substitution (Ersetzen) von weiterverabeiteten Exportprodukten modifiziert;
— Importprodukte werden nach Möglichkeit durch Eigenprodukte substituiert;
— Eine Stufe der starken Industrialisierung mit Hilfe in- und ausländischen Kapitals schließt sich an.

Singapur ist mit Einschränkung durch die fehlenden eigenen Ressourcen diesen Weg gegangen.

C.2.5 Industriestandort/Industriemobilität — ökonomische und politische Einflüsse

Industriestandortanalysen sind traditionelle Bestandteile der industriegeographischen Forschung (vgl. Flußdiagramm in Kap. B.3) und gehören seit langem zum Grundkanon der Schulgeographie. Neben die Betrachtung der üblichen Standortfaktoren sind neue Aspekte getreten, z. B. raumrelevantes Entscheidungsverhalten der Unternehmer und staatlicher Organisationen, insbesondere aber auch politische Einflußnahmen im finanziellen, sozialen und organisatorischen Bereich. Besonderes Gewicht haben Betrachtungen der Industriemobilität im nationalen und internationalen Maßstab gewonnen. Diese Industrieverlagerungen, Neugründungen und Zweigwerkgründungen (vgl. *Mikus* 1978, S. 88 ff.) haben wesentliche Einflüsse auf industrieräumliche Strukturen, auf Verlust, Erhaltung oder Neuschaffung von Arbeitsplätzen und damit auf die Wirtschaftskraft von Regionen.

Neben den Themenkreisen der UE 5 und 6, bei denen Altindustrieregionen und neue Wachstumsregionen explizit betrachtet werden, verfolgen auch die UE 4 und 7 diesen Aspekt.

Zu: UE „Ökonomische und politische Einflüsse auf Industriestandorte und -mobilität" (vgl. Kap. D.5).

In einem Staat mit vollkommen freiem Spiel marktwirtschaftlicher Kräfte gäbe es keine politische Standortbeeinflussung. Ein solcher Staat existiert in der Wirklichkeit allerdings nicht. In Ländern mit marktwirtschaftlicher Ordnung will der Staat auf die Industrie und ihre Standortwahl Einfluß nehmen: Wirtschaftliche, raumordnerische, soziale und politische Motive sprechen dafür. Wenngleich in marktwirtschaftlich orientierten Ländern keinem Betrieb sein Standort vorgeschrieben ist, so verschafft sich jedoch der Staat durch Anreize wie Subventionen, Prämien oder Steuererleichterungen gewisse Einflußmöglichkeiten: Strukturschwache Räume werden gefördert; die volkswirtschaftliche Verschwendung von Fläche, Arbeitskräften, bestehenden Anlagen und infrastrukturellen Einrichtungen soll vermieden werden. Jede Region soll im gesamtwirtschaftlichen und staatspolitischen Gefüge integriert bleiben.

Eine ungleich bedeutendere Rolle spielt die staatliche Standortbeeinflussung in zentralwirtschaftlichen, sozialistischen Staaten. Hier ist der Staat quasi identisch mit einem Unternehmer. Dagegen wird in einem Staat mit marktwirtschaftlicher Ordnung, wie z. B. der BR Deutschland, selbst ein staatseigener Betrieb in der Regel wie ein eigenständiges Unternehmen geführt. Betriebswirtschaftliche Rentabilitätsüberlegungen spielen hier eine größere Rolle als volkswirtschaftliche Gesamtstrategien.

Das Beispiel Berlin (West) nimmt hierbei in mancher Hinsicht eine Sonderrolle ein.

Interessant ist ein Vergleich isolierter großstädtischer Industrieregionen (UE 4: ‚Singapur' und UE 5: ‚Berlin'), die aus eigener Kraft oder mit Hilfe massiver Subventionen ihre Industrieentwicklung vorantreiben müssen. Angestrebte Ziele sind: hohes technologisches Niveau,

Basiswissen (mit Glossar)

da Rohstoffe fehlen; hoher Ausbildungsstand der Arbeitskräfte; optimale Infrastruktur und ein leistungsfähiger tertiärer Sektor. Engpaßfaktoren stellen dar: Mangel an Industrieflächen, kleiner Binnenmarkt. Wesentliche Unterschiede bestehen im Lohnkosten- und Lohnnebenkostenniveau, dem Zugang zum Weltmarkt (Kosten und Behinderung des Transports) und in der Möglichkeit zur Zusammenarbeit mit Universitäten (forschungsbezogene Spitzentechnologie).

Zu: UE „Der Raum mit Wachstumsindustrie" (vgl. Kap. D.6).

Eine der wichtigsten und modernsten Wachstumsindustrien der Gegenwart und sicher auch der nahen Zukunft stellt die Elektronikindustrie dar. Die industrieräumlichen Wirkungen und die neuen Standortvoraussetzungen des hier relevanten Teilbereichs der Mikroelektronikindustrie verändern die Wirtschaftsstruktur und die Industrielandschaft der betroffenen Staaten und Regionen wesentlich.

Unterschiedliche Entwicklungsmodelle der in diesem Bereich führenden Industrienationen USA und Japan bieten für andere Staaten wie z. B. die BR Deutschland wichtige Anregungen, wenn auch die Konzepte nicht kritiklos übertragbar sind.

Allgemein gilt: Kein einzelner Faktor ist entscheidend für das anscheinend spontane und spektakuläre Wachstum von technologieorientierten Industrien. Vielmehr führt das Zusammenwirken der folgenden Faktoren u. U. zum Erfolg in neu entstehenden Wirtschaftsregionen:
— Agglomerations- und Fühlungsvorteile zu renommierten Universitäten, deren Forschungsaktivitäten besonders im Bereich der Mikroelektronik liegen (Übernahme der hochqualifizierten Mitarbeiter in ausreichender Zahl, gemeinsame Forschungsprogramme).
— Möglichkeiten vertraglicher Arrangements des wissenschaftlichen Universitätspersonals mit Industrieunternehmen (in USA bis zu 60%, in BR Deutschland eher die Ausnahme).
— Bereitstehendes Flächenangebot in Universitätsnähe, das geringe Kosten verursacht, andererseits aber auch attraktive Wohngebiete mit hohen Wohnumfeldqualitäten und Freizeitmöglichkeiten für die hohen Ansprüche der hochqualifizierten Fachkräfte zur Verfügung stellt.
— Vorhandensein von Risikokapital, da neben renommierten Großfirmen auch junge qualifizierte, aber kapitalarme Neuunternehmer als Gründer in Frage kommen.
— Staatliche Förderaktivitäten, durch Vermittlung von Risikokapital und Aufträgen (z. B. der Rüstungsindustrie).

Entscheidend für den Erfolg ist ein ‚Netzwerk', in das alle für die Entstehung des Wachstums technologieorientierter Unternehmen relevanten Personen und Institutionen eingebunden sind: Kapitalgeber, Hochschulforscher, etablierte High-Tech-Unternehmen, Schlüsselpersonen der lokalen und regionalen Wirtschaftsverwaltung und von Industrieverbänden.

Anstelle der traditionellen umweltbelasteten Industriegebiete entstehen neue Industrielandschaften (oft als ‚Technologieparks' bezeichnet) an neuen Standorten in einer Mischung aus Groß- und Kleinbetrieben.

Jungen Unternehmern wird z. T. in sogenannten ‚Spin-out-Gründungen' von Großfirmen durch Darlehen, Geräte und Unterverträge die Möglichkeit von unternehmerischer Umsetzung geeigneter Ideen gegeben.

Im Hinblick auf die räumliche Konzentration dieser neuen Industriegründungen gilt:
— Die Produktionsstätten für die Hardware (Computer, Mikrochips etc.) zeigen häufig ein hohes Maß an Konzentration (z. B. Silicon Valley), wenn auch das äußere Erscheinungsbild durch eine landschaftsangepaßte Planung (Grünanlagen etc.) nicht mehr mit den Altindustrieregionen zu vergleichen ist.
— Entwicklungs-/Planungsbüros und Produzenten der Software haben ihre Standorte wegen der neuen technischen Kommunikationsmöglichkeiten oft in disperser Lage.

Allgemeine Kennzeichen der Mikroelektronikindustrie und ihrer Betriebe sind:
— ein geringer Rohstoff- und Energiebedarf, daher ‚umweltfreundlich', aber wegen der relativ hohen Industrie- und Wohnkonzentration indirekte Belastungen der Infrastruktur (Wasserbedarf, Verkehrsbelastung etc.),
— daß sie bislang mehr Arbeitsplätze vernichteten als hervorbrachten,
— daß sie wegen ihres hohen Automatisierungsgrades sehr kapitalintensiv sind.

Die mikroelektronische Hardware wird immer weiter standardisiert. Wenige Hersteller beherrschen den Weltmarkt mit extrem miniaturisierter Hardware. Eine immer größer werdende Zahl von Firmen bietet immer weiter spezialisierte Software (‚Programme') und Serviceleistungen an.

Der Gesamtumsatz der Welt-Elektronikindustrie wird weiterhin überdurchschnittlich wachsen.

C.2.6 Industrie und Planung/Raumordnung/Regionalpolitik

Die theoretisch und empirisch orientierte, vor allem aber die angewandte Industriegeographie widmen neuerdings der Industrieplanung (vor allem als Unternehmens- und als Fachplanung innerhalb der Orts-, Regional- und Landesplanung), der Raumordnung und der Regionalpolitik besondere Aufmerksamkeit (*Mikus* 1978, S. 128 ff.; *Gaebe/Maier* 1984). Das Fachinteresse trifft sich mit der fachdidaktischen Einsicht, diese Aspekte im Hinblick auf die Gegenwarts- und Zukunftsbedeutung für die Schüler zu erschließen.

Zu: UE „Hilfen oder Hemmnisse durch Regionalpolitik?" (vgl. Kap. D.7).

Altindustriegebiete sind in allen Teilen Westeuropas in die Krise geraten. Die ökonomische Basis ihres früheren Erfolges hat oft an Bedeutung verloren. So gilt z. B. der Primärenergieträger Steinkohle als vergleichsweise teuer, Erze sind in besserer Qualität und zu günstigeren

Basiswissen (mit Glossar)

Preisen im außereuropäischen Ausland zu haben, und die Notwendigkeit einer umfangreichen Facharbeiterschaft wird durch Rationalisierung und Automatisierung in ihrer Bedeutung eingeschränkt.

Die Veränderung der Nachfrage nach neuen, technologisch hochwertigen Produkten stellt die (meist) privaten Unternehmer vor die Aufgabe, entweder neue Produkte mit konkurrenzfähigen, rationellen Verfahren herzustellen oder in neue Branchen einzusteigen. Aus Kostengründen läßt sich das oft an neuen Standorten besser realisieren als an den alten.

Der Staat (von der Kommune bis zum Bund) sieht sich folgenden Fragen, Aufgaben und Konflikten gegenüber, wenn er hemmend oder fördernd eingreift:

— Sollen angesichts der noch immer hohen Beschäftigungszahlen in den Schrumpfungsbranchen (z. B. Bergbau, Stahl, Textil) und der Altindustrieregionen Erhaltungssubventionen gezahlt werden, die aber letztlich den notwendigen Strukturwandel nur auf teure Weise hinausschieben? Viele Regierungen zahlen, obwohl sie wissen, daß dann leicht aus einem langsamen Strukturwandel eine katastrophale Zuspitzung entstehen kann.

— Der Forderung nach Chancengleichheit und höherer Lebensqualität, auch für die heute oft benachteiligten Altindustriegebiete, kann sich der Staat kaum entziehen. Die neue Umweltgesetzgebung, Infrastrukturmaßnahmen, Ausgaben für Nahverkehr und Naherholung, ein Überdenken der Boden- und Städtebaupolitik sind Aufgaben, die den Menschen unmittelbar zugute kommen.

Für die Industrie müssen diese Aspekte aber von zwei Seiten gesehen werden: Es entstehen häufig zusätzliche Kosten, die die Wettbewerbsfähigkeit einschränken; andererseits bedürfen die Altindustrieregionen dringend einer Imageaufbesserung, die durch die genannten Faktoren positiv beeinflußt werden könnte.

— Alle Staaten Westeuropas mit Altindustrieregionen haben neben den Fördermitteln aus der EG-Kasse eigene Fonds zur Verfügung, die mithelfen sollen, eine regionale Strukturpolitik in diesen Gebieten zu betreiben.

Neben Ausgaben für die Infrastruktur steht die Beeinflussung der regionalen Investitionstätigkeit im Vordergrund, um so Einkommen und Beschäftigung in diesen Problemgebieten zu erhöhen.

Eine jahrelange Bevorzugung der ländlichen Regionen und eine Nichtberücksichtigung der Altindustriegebiete bei der staatlichen Mittelvergabe hat dort u. a. zu einer Abwanderung von Industriebetrieben geführt.

Durch die Abschwächung des industriellen Wachstums in den letzten Jahren ist die Ansiedlung neuer und die Erweiterung vorhandener Betriebe auch durch die Regionalpolitik kaum zu beeinflussen gewesen.

— In allen Verdichtungsgebieten spielen Umwelt- und Flächenengpässe eine wichtige *begrenzende* Rolle. Die positive Arbeitsplatzbilanz (u. a. durch Ansiedlungserfolge im Randbereich von Ballungsgebieten) liegt einerseits am Vorhandensein von ‚überschwappenden Agglomerationsvorteilen' (*Klemmer* 1982 a, S. 47) aus den Kernräumen, und andererseits daran, daß dort häufig genügend Flächen für Neuansiedlung und Erweiterung zur Verfügung stehen.

Für die Industriebetriebe in den Kernräumen haben Nutzungskonflikte (entstanden aus der Gemengelage ‚Wohnen' und ‚Arbeiten') in Verbindung mit gesetzlichen Einschränkungen u. U. höhere Bodenpreise, ein höheres Investitionsrisiko und administrative Nutzungseinschränkungen zur Folge.

Staatliche Stellen müssen neben finanziellen Hilfen vor allem auch planerisch-administrative Unterstützungen gewähren, damit in Altindustriegebieten wieder investiert wird.

Zu: UE ,,Industrialisierungsprobleme und -strategien in Entwicklungsländern" (vgl. Kap. D.8).

Eine problemorientierte industriegeographische Betrachtung von Entwicklungsländern, insbesondere von ‚Schwellenländern', hat sich mit deren Wachstums- und Entwicklungsproblemen, den internationalen Disparitäten, von denen die einzelnen Staaten betroffen sind, und vor allem den intranationalen Ungleichgewichten (innerhalb der Länder) auseinanderzusetzen. Bei der Industrialisierung handelt es sich um einen Prozeß, der eng mit der Entwicklung von Bevölkerung, Landwirtschaft und tertiärem Sektor verflochten war und ist. Dieses Beziehungsgefüge ist oft gestört und hat sich z. T. kaum entwickelt. Darin sind viele Nachteile im Hinblick auf die Industrialisierung zu sehen (*Brücher* 1982, S. 175 ff.). Wegen wichtiger Querverbindungen ist daher auf weitere Bände dieser Reihe hinzuweisen (z. B. ‚Entwicklungsländer', ‚Bevölkerung', ‚Agrargeographie').

Das wichtige Ziel, über eine abgestimmte Industrialisierungspolitik im Rahmen regionalpolitischer Strategien und Maßnahmen einen regionalen Ausgleich im Hinblick auf die verschiedenen sozioökonomischen Aspekte zu erreichen, bedingt Einsicht in die folgenden Probleme:

— Wirtschaftspolitische Zielsetzung: Priorität für wirtschaftliches Wachstum (definiert als Maximierung des BIP/Kopf) oder für Minimierung regionaler Disparitäten, jeweils angestrebt u. a. durch eine verstärkte Industrialisierung;

— Einsicht, daß Empfehlungen über den ‚besten' Standort und die ‚günstigste' Nutzung von Gebieten nur vor dem Hintergrund einer gründlichen räumlichen Analyse möglich sind.

Die als Grundlage an sich notwendige Betrachtung regionaler Wachstums- und Entwicklungstheorien (vgl. *Schätzl* 1978) muß in der Sekundarstufe I unterbleiben.

Die Darstellung theoretisch-methodischer und regionalpolitischer Aspekte ist aber ergiebig und sinnvoll.

Basiswissen (mit Glossar)

a. Indikatoren zur Messung der regionalen, sektoralen und zwischen unterschiedlichen sozialen Gruppen bestehenden Disparitäten, soweit daraus eine industrielle Rückständigkeit abzuleiten ist oder sich Perspektiven für die Industrieplanung ergeben.
b. Aufgaben der Regionalpolitik und regionalpolitischer Strategien, soweit sie sich auf die Industrialisierungspolitik beziehen oder anwenden lassen.

Zu a: Aus der Fülle der zur Verfügung stehenden Indikatoren (vgl. *Schätzl* 1981 und als jährlich neue Quelle: Weltentwicklungsbericht) wird zunächst das Pro-Kopf-Einkommen ausgewählt. Trotz mancher Einwände (z. B. Nichterfassung des Subsistenzbereichs; Nichterfassung von Arbeitsleistungen, für die kein Entgelt gezahlt wird, wie z. B. bei Hausfrauenarbeit, Eigenhilfe etc.; vgl. *Schätzl* 1981, S. 16 ff.) dient es anerkanntermaßen als fast in allen Ländern verfügbarer und damit international vergleichbarer Maßstab des regionalen Wohlstandsniveaus, das noch immer wesentlich durch das Fehlen oder Vorhandensein von Industrie bestimmter Qualität beeinflußt wird.

Ergänzungen sind allerdings notwendig, so daß weiterhin ausgewählt wurden:
— Anteile der Haushalte unterhalb der Armutsgrenze, um regionale Ansatzpunkte zur Beseitigung von Armut durch Industrialisierung zu lokalisieren;
— Industrieverteilung sowie Verteilung der Industriebeschäftigten zur Analyse der bestehenden Industriestruktur;
— Bevölkerung und ethnische Gruppen sowie Anteile der ethnischen Gruppen an den Wirtschaftssektoren, um den politischen ‚Sprengsatz' einer zu geringen Beteiligung bestimmter Gruppen am Wachstumssektor Industrie zu erkennen und Handlungsanweisungen für die Industrieplanung aus dieser Sicht zu erhalten.

Zu b: Die Regionalpolitik hat die Aufgabe, die bestehende, durch verschiedene Disparitäten gekennzeichnete Raumstruktur positiv zu verändern und die Integration unterschiedlicher Gesellschaftsgruppen zu erreichen (vgl. *Lim* 1979, S. 19). Zu dem versorgungsorientierten Ziel, nämlich Schaffung gleichwertiger Lebensbedingungen in allen Teilräumen, tritt das wachstumsorientierte Ziel: kräftiges Wachstum der Gesamtwirtschaft, das durch optimale Verteilung der Produktivkräfte im Raum erreicht werden soll (vgl. *Barth* 1982, S. 125). Daraus können Zielkonflikte erwachsen. Es ist zu fragen, welchen Beitrag eine wirksame Industrialisierungspolitik dabei leisten kann.

Entsprechend ergeben sich als zentrale Aufgaben, die von den weiter unten dargestellten Strategien zu erfüllen sind:
— Verringerung regionaler Einkommensunterschiede;
— Schaffung von Arbeitsplätzen in Industrie, Gewerbe, Handwerk;
— Beitrag der Industrialisierungspolitik zu einer aktiven Stadtentwicklungspolitik.

Als regionalpolitische Strategie (hier: Teilaspekt ‚Industrialisierungspolitik') wird ein regionales Entwicklungskonzept verstanden, das bestimmte Standorte im Raum auswählt und dort bestimmte Instrumente als regionale Fördermaßnahme einsetzt. Aus der umfangreichen Literatur (vgl. Angabe zu M 8.14) wurden drei Strategien ausgewählt:

1. *Strategie der regionalen Wachstumszentren* (vgl. *Klemmer* 1972)
— konzentrierter staatlicher Mitteleinsatz auf relativ geringe Zahl von Zentren;
— besonders wichtig sind Zentren, die interregionalen Ausgleich ermöglichen und intraregionale Wachstumsimpulse auf ihr Umland abgeben können;
— Voraussetzungen für die Auswahl: gewisse Mindestgröße, Minimum vorhandener komplementärer Wirtschaftsbereiche zur Industrie, relativ große Bevölkerungszahl und intensive Umlandnutzung, Infrastrukturausstattung, Umfang und Qualität der Arbeitskräfte sowie lokal ungenutzte Ressourcen, die für die Industrie und das Gewerbe nutzbar gemacht werden können;
— anzusiedeln sind ‚Schlüsselindustrien' (‚motorische Industrien'). Sie müssen:
  – relativ groß sein und einen hohen sektoralen Verflechtungsgrad (zu anderen Branchen) haben,
  – hohe Wachstumsraten haben,
  – auf überregionalen Absatz ausgerichtet sein.

2. *Achsenkonzeption* (vgl. *Schilling-Kaletsch* 1976)
— Erweiterung des Wachstumszentrenkonzepts.
— Konzentrierter Einsatz staatlicher Mittel auf wenige Zentren *und* auf die ‚Achsen' dazwischen. ‚Achse' bedeutet hier: Bandinfrastruktur (Verkehrswege, Leitungen etc.) und damit gekoppelte Siedlungsverdichtung, die für eine Industrialisierung förderlich sind.
— Besonders interregionale Achsen haben für Dezentralisierungspolitik Bedeutung. Innovationen breiten sich schneller vom Zentrum in die Peripherie aus.
— ‚Achse' soll zu Entwicklung der Zentren beitragen, die sie verbindet, und zugleich Impulse auf die Gebiete geben, durch die sie führt.
— Gefahr: ‚Achsen' können als ‚Dränage' wirken und bereits bestehende lokale Unternehmen schwächen.
— Ergebnis: Im Gegensatz zu hochentwickelten Industrienationen (vgl. BR Deutschland) ist die Beseitigung von regionaler Unterentwicklung in Entwicklungsländern kaum zu erreichen. Erst nach bereits erfolgter Entwicklung der Zentren kann eine Achsenkonzeption für die dazwischenliegenden Gebiete in Erwägung gezogen werden.

3. *Mittelzentren-Politik* (auch: Mittlere Zentren-Politik) (vgl. *Berrada-Gouzi* 1981 für das Beispiel Elfenbeinküste)
— Grundlage ist die Einbeziehung von Mittelzentren.
— Kleinere Industrie- und Gewerbebetriebe und andere Sektoren als bei der Wachstumszentrenkonzeption sollen Träger der Entwicklung sein.
— Stärkere Berücksichtigung regional-interner Wachstumsdeterminanten für eine verbesserte Versorgung der Bevölkerung (Grundbedürfnisse!).
— Mittelzentren sollen eine Mittlerfunktion zwischen größeren Zentren und ländlichem Raum erfüllen.
— Der Erfolg dieser Strategie (seit Ende der 70er Jahre) ist noch nicht erwiesen. Ein generell wichti-

Basiswissen (mit Glossar)

ges Problem scheint zu sein, ob die starken Zentralregierungen bereit sind, den Mittelzentren eine notwendige größere administrative Entscheidungskompetenz zu geben.
— Mittelzentren können ein Bindeglied bilden zwischen inter- und intraregionaler Dezentralisation sowie zwischen punkt- und flächenbezogenen Entwicklungsstrategien.

Zu: UE „Industrie und Regionalpolitik in Staatengemeinschaften" (vgl. Kap. D.9).

Die staatliche Einflußnahme auf Industrieunternehmen an Einzelstandorten, auf Industrieregionen, auf Branchen oder auf Regionen, die erst einer industriellen Inwertsetzung zugeführt werden sollen, geschieht auf unterschiedlichen räumlichen Maßstabsebenen.

Traditionell intensiv erfolgt eine planerische und finanzielle Einflußnahme von der kommunalen Ebene bis hin zu den Staatsregierungen, während der Wille und die Möglichkeiten des Einwirkens auf der kontinentalen Ebene (z. B. EG, RGW, ASEAN) oder gar weltweit (Entwicklungshilfe, Rohstofflager etc.) erst in den letzten Jahrzehnten stärker erkennbar sind. Die Grundsatzentscheidung, ob und in welchem Maße staatliche Interventionen überhaupt sinnvoll sein können, hängt stark von der politischen Grundeinstellung ab (vgl. USA — RGW-Länder).

Folgende Gründe sprechen dafür, in einer Staatengemeinschaft (hier: EG) Ausgleichszahlungen durch eine gemeinsame Regionalpolitik vorzunehmen (*Streit* 1975):
— das ökonomische Argument:
Aus der Zollunionstheorie ist abzuleiten, daß eine Handelsvermehrung (besonders von Industrieprodukten) um so eher zu erwarten ist, je ähnlicher die Produktionsstrukturen der Unionsländer sind.

— das politisch-soziale Argument:
Wenn das Selbstverständnis der Gemeinschaft über eine Zollunion hinausgeht und eine politische Union angestrebt wird, dann wird es aufgrund des Gerechtigkeitspostulats nötig, möglichst gleiche Lebensbedingungen in den Teilgebieten zu schaffen. Das bedeutet in vielen Fällen: Bereitstellung bzw. Sicherung industrieller Arbeitsplätze.

Erklärte Ziele aller o. g. Staatengemeinschaften sind:
— Beseitigung des unterschiedlichen Entwicklungsstandes der Mitgliedsländer und
— enge Zusammenarbeit in Forschung und Industrialisierung.

Während die sozialistisch-planwirtschaftliche Form (RGW) eine industrielle Produktionsspezialisierung durch Absprachen und Plankoordination anstrebt, versuchen marktwirtschaftliche Formen durch Verbesserung der Rahmenbedingungen (z. B. Ausbildungsbeihilfen, Hilfen zur Verbesserung der Infrastruktur) und durch gezielte Industrieförderung in Problemregionen einen Abbau der Disparitäten zu erreichen.

Politische und methodische Probleme ergeben sich dann bei der Auswahl von Indikatoren zur Messung der Unterentwicklung und bei der Festlegung der Schwellenwerte.

Glossar

Agglomerationsräume: Regionen (u. a. mit hoher Industriedichte), in denen die Nutzung der ‚Agglomerationsvorteile' zu Kosteneinsparungen und damit zu Wettbewerbsvorteilen führt.

Agglomerationsvorteile: Standortvorteile durch räumliche Konzentration von Betrieben; führen zu ‚Ersparnissen' bei den Beschaffungs-, Produktions- und Absatzkosten; erreicht durch räumliche Nähe mehrerer Betriebe gleicher oder ähnlicher Branchen (‚Lokalisierungsvorteil') oder auch verschiedener Branchen am gleichen Ort (‚Urbanisierungsvorteil'). Heute werden zunehmend auch ‚Agglomerationsnachteile' registriert (z. B. durch hohe Kosten für Umweltschutzauflagen, Zeitverlust durch Verkehrsprobleme, Flächenknappheit und hohe Baulandpreise).

Bauleitplanung: Steht neben Fachplanungen und Finanzplanung als räumliche Planung. Zwei Stufen städtebaulicher Planung werden unterschieden: Der *Flächennutzungsplan* (vorbereitender Bauleitplan) trifft Aussagen über die vorhandene und geplante Verteilung von Nutzungen (z. B. Wohngebiete, Industrie). Der *Bebauungsplan* (verbindlicher Bauleitplan) stellt für Teilgebiete die im Flächennutzungsplan entwickelten Nutzungsarten detailliert und verbindlich dar.

Bruttoinlandsprodukt (BIP): Meßgröße der wirtschaftlichen Leistungskraft einer Region (z. B. eines Staates); erfaßt die in der betreffenden Region in einer bestimmten Periode produzierten Güter und bereitgestellten Dienstleistungen.

Bruttosozialprodukt (BSP): Gibt an, welche Summe des in einer Region erwirtschafteten ‚Einkommens' den Inländern insgesamt zur Verfügung steht. Vom BIP einer Region sind die Erwerbs- und Vermögenseinkommen abzuziehen, die aus der Region abfließen (z. B. Einkommen von Einpendlern), während die zufließenden Einkommen (z. B. Einkommen von Auspendlern, im Ausland erzielte Gewinne) hinzugerechnet werden. Der Wert ‚BSP/Kopf' wird als ‚Pro-Kopf-Einkommen' bezeichnet.

Bruttowertschöpfung: Da in der EG z. Z. keine vergleichbaren Daten für das Bruttoinlandsprodukt (BIP) zur Verfügung stehen, wird die Summe der Bruttowertschöpfungen als sehr ähnlicher Wert verwendet. Beide Indikatoren unterscheiden sich nur um den Betrag, der auf den Erzeugnissen lastenden Mehrwertsteuer und um die Einfuhrabgaben.

Disparität: Fundamentaler räumlicher Unterschied (dessen Verlauf, Ursachen und Wirkungen zu untersuchen sind) in der sozioökonomischen Entwicklung. Räumliche Disparitäten gibt es auf verschiedenen Maßstabsebenen: zwischen den Staaten, innerhalb der Staaten, innerhalb von Regionen und auch in Städten.

Diversifizierung der Produktion: Ziel, möglichst verschiedene Produkte herzustellen, um flexibel auf die Nachfrage reagieren zu können und neue Märkte zu erschließen.

Entwicklung: Oft synonym zum Begriff ‚wirtschaftliches Wachstum' verwendet. Eigentlich umfaßt der Entwicklungsbegriff weit mehr; denn er zielt auf die grundlegende langfristige Verbesserung der sozioökonomischen Lebensbedingungen und umfaßt als mehrdimensionale Größe materielle, soziokulturelle und gesellschaftliche Merkmale.

Basiswissen (mit Glossar)

Fühlungsvorteile: Vorteile, die ein Betrieb hat, der in der Nähe von ‚vorgelagerten' Unternehmen liegt, d. h. von Firmen, die Güter herstellen, die in die Produktion als Einsatz- oder Verpackungsmaterial eingehen. Ebenso vorteilhaft kann die Nähe zu ‚nachgelagerten' Unternehmen sein. Ferner kann damit auch die Nähe zu Dienstleistungsbetrieben und zur Konkurrenz gemeint sein. Die Nähe zu Schulungs- und Forschungseinrichtungen wird heute als besonders wichtig angesehen: Die Weiterbildung der Mitarbeiter und Kontakte zu wissenschaftlichen Instituten sind bei dem heutigen Innovationstempo fast unerläßlich. Schließlich ist auch die Nähe zu zentralen Stellen der öffentlichen Verwaltung von Bedeutung, z. B. bei Ausschreibungen und der Auftragsvergabe.

Grundstoff- und Produktionsgüterindustrie: Industriebetriebe, die nach der amtlichen Klassifizierung des Statistischen Jahrbuches der BR Deutschland Produkte herstellen, die weiterverarbeitet werden (z. B. Eisenschaffende und Chemische Industrie, Mineralölverarbeitung).

Industriepark (Industrial Estate, Industriezone): Zusammenhängendes Areal, das speziell zur Förderung der Ansiedlung von Industriebetrieben durch einen öffentlichen oder privaten Planungsträger mit Straßen, evtl. Anschlußgleisen und Kanälen, Energie, Wasser, Entwässerung und Fernsprechleitungen ausgestattet und daher mit vorwiegend kleinen bis mittelgroßen Betrieben unterschiedlicher Branchen besiedelt ist. Zusätzliche Einrichtungen zur gemeinsamen Nutzung als Anreize zur Ansiedlung von Industriebetrieben sind in der Regel vorhanden, wodurch die Industrieparks zu einem über andere Industrieplansiedlungen hinausgehenden besonderen raumordnungspolitischen Instrument werden.

Investitionsgüterindustrie: Industriebetriebe, die Güter zur Erhaltung, Verbesserung und Erweiterung der Produktionseinrichtungen herstellen (z. B. bestimmte Maschinen). Die erzeugten Produkte werden als ‚Anlagen' im Wirtschaftsprozeß eingesetzt.

Mikrochip: Elementarbaustein für Computer. Sie bestehen aus Silicium, einem nichtmetallischen Element, das in Form von Kieselerde oder Quarz in der Erde vorkommt und dem in bestimmten Abschnitten winzige Mengen von ‚Unreinheiten' wie Phosphor oder Bor beigegeben werden. Auf diese Weise verändert man die elektrischen Eigenschaften des Materials.

Primärenergieträger: Energierohstoffe, die in andere Energieformen (‚Nutzenergie') umgewandelt werden können, z. B. in verschiedene Formen der ‚Sekundärenergie' (elektr. Strom, Briketts, Heizdampf etc.).

Regionalpolitik (auch: Regionale Wachstums- und Entwicklungspolitik, Regionale Strukturpolitik): Befaßt sich mit der gezielten Gestaltung ökonomischer Raumsysteme durch den Staat bzw. durch öffentliche Institutionen.

Schlüsselindustrie: Industrie mit Verflechtungen zu fast allen anderen Branchen. Ein Beispiel für eine Schlüsselindustrie mit Sammlerfunktion bzw. rückwärtigen Zulieferbeziehungen (backward linkage) stellt die Automobilindustrie dar. Eine Schlüsselbedeutung erhält sie auch dadurch, daß von ihr und ihren Zulieferbetrieben z. B. in der BR Deutschland ungefähr jeder siebte Industrie-Arbeitnehmer abhängig ist.
Die Eisen- und Stahlindustrie wird als ‚vorwärts orientierte' Schlüsselindustrie bezeichnet (forward linkage). Von ihr hängen die nachgelagerten Branchen wie Metallverarbeitung, Fahrzeug-, Flugzeug-, Schiffs-, Stahl- und Maschinenbau ab.

Schwellenland: Entwicklungsland mit fortgeschrittenem Entwicklungsstand. Zum BSP trägt nicht mehr überwiegend der Primärsektor (Landwirtschaft etc.) bei, sondern zunehmend werden Verarbeitende Industrie und Dienstleistungen bedeutsamer. Neben Sozialindikatoren wird das BSP zur Bewertung herangezogen.

Strukturwandel: Die westlichen Industriestaaten sind dabei, die Produktion einfacher, arbeits-, energie- und rohstoffintensiver Produkte den Ländern mit den komparativen Vorteilen billiger Arbeitskräfte, Energie oder Rohstoffe zu überlassen. Dieser Strukturwandel, der auch innerstaatlich zu beobachten ist, kann durch protektionistische Maßnahmen lediglich verzögert werden. Protektionismus führt jedoch zu keiner langfristigen Sicherung von Arbeitsplätzen.
In Verdichtungsräumen vollzieht sich der Strukturwandel am raschesten. Am bedeutendsten sind die Veränderungen in den Unternehmen selbst. Arbeitsplätze in der Produktion entfallen durch Rationalisierung und Automation, neue entstehen im Vertrieb, in Forschung und Entwicklung.

Subsistenzbereich: Teil des Wirtschaftens (besonders in der Nahrungsmittelerzeugung), der ausschließlich der Selbstversorgung dient, allenfalls einen Naturaltausch einschließt, aber nicht am Markt angeboten wird.

Wachstum (hier: wirtschaftliches Wachstum): quantitative Erhöhung des realen Sozialprodukts pro Kopf der Bevölkerung.

Zulieferindustrie: Unternehmensexterne Betriebe, die sich auf bestimmte Teile spezialisiert haben. Gründe, weshalb Unternehmen von Zulieferern Produkte beziehen, sind z. B.: Nutzung der Erfahrung und Spezialisierung dieser Betriebe, Wegfall von Forschungskosten und Investitionen für den Aufbau eigener Anlagen. Durch Verträge mit mehreren Zulieferern für das gleiche Produkt können die Preise gedrückt werden; ein Produktionsausfall bei Streiks etc. ist weniger zu befürchten. Die übergroße Abhängigkeit der Zulieferer von den mächtigen Abnehmern (Effekt der ‚Verlängerten Werkbank') versuchen die Z. zu verringern, indem sie ihre Produktenpalette diversifizieren (dadurch auch rationeller arbeiten) und sich als Lieferant möglichst unverzichtbar machen.

D Unterrichtsvorschläge

Zur Einordnung vgl. Gesamtplanungsfeld (Kap. B.3) und regionale Zuordnung der Unterrichtseinheiten zur ‚Industriegeographie' (Weltkarte)

Der Teil ‚Unterrichtsvorschläge' enthält je UE:
— Regionale Sachanalyse
— Methodische Hinweise (nur bei einigen UE's)
— Stundenziele
— Unterrichtsverlauf
— Medien/Materialien (gesondert in Kap. E bzw. in der Medientasche)

Zur Erläuterung:
— M = Medium/Material
— (t) = das betreffende Medium/Material befindet sich nicht im gehefteten Medienteil, sondern in der Medientasche im Anhang

D.1 Braunkohlenabbau im Rheinischen Revier

1. Regionalgeographische Sachanalyse

Das Rheinische Revier stellt mit einem Lagerstättenvorrat von insgesamt 55 Mrd. t Braunkohle (BRD: 56 Mrd. t) das größte zusammenhängende Vorkommen Europas dar. Unter Berücksichtigung des gegenwärtigen Energiepreisniveaus und der heutigen Technik sind ca. 35 Mrd. t wirtschaftlich gewinnbar. 1986 förderte die Abbaugesellschaft ‚Rheinbraun' in 5 Tagebaubereichen (vgl. Atlas) 109 Mio. t Rohbraunkohle. 85% wurden in öffentlichen Kraftwerken des Rheinischen Reviers in Strom umgewandelt (= ca. 22% der ges. Stromerzeugung der BR Deutschland). 15% der Rheinbraun-Förderung fanden in der ‚Kohleveredelung' Verwendung (u. a. zur Produktion von 3,6 Mio. t Braunkohlenbriketts, 150 000 t Feinkoks, 2 Mio. t Braunkohlenstaub).

Tektonische Einflüsse im Senkungsraum der Niederrheinischen Bucht aus dem Tertiär führten zu der heute charakteristischen Gliederung in die Kölner, Erft- und Rur-Scholle (vgl. geologisches Profil). Die Oberflächennähe und die Schrägstellung der Flöze führten dazu, daß der südöstliche Teil (Kölner Scholle mit der ‚Ville') zuerst abgebaut wurde und daher weitgehend erschöpft ist. Heute muß sich der Abbau auf das tiefere und daher technisch und kostenmäßig aufwendigere Hambacher Revier ausdehnen. Das Verhältnis von Abraum zu Kohle (in m³:t) betrug im Südosten 0,8:1, während in Hambach I mit 6,1:1 zu rechnen ist. Dieses wesentliche Kriterium zur Beurteilung einer Braunkohlenlagerstätte wird natürlich beeinflußt von der Flözmächtigkeit, die im Bereich Hambach zwischen 15 und 100 m liegt.

Mit dem Übergang zum Groß- und Tieftagebau am Ende der fünfziger Jahre (1959/60) wurden die Eingriffe in den Natur- und Landschaftshaushalt gravierender. Diese Entscheidung hatte folgende Voraussetzungen, Gründe und Folgeprobleme:
— Ein *Untertagebau* war nicht möglich, da das überlagernde ‚Deckgebirge' weitgehend aus relativ lockeren Kiesen, Sanden und Lehmen besteht und weil die wirtschaftlich erforderlichen Großgeräte dort nicht hätten eingesetzt werden können;
— die Schaffung großer Abbaufelder;
— eine Kapital- und Betriebskonzentration (aus den ursprünglich 12 Abbaugesellschaften ging ein Großunternehmen hervor: die Rheinische Braunkohlenwerke AG, eine 100%ige Tochter der Rheinisch-westfälischen Elektrizitätswerke, ‚RWE');
— die Lösung technischer und planerischer Probleme:
  ● das Absenken des Grundwasserspiegels bis fast 500 m;
  ● Trink- und Brauchwasserbereitstellung;
  ● das Problem der Massenbilanzen, d. h. die Unterbringung des Abraums außerhalb (‚Außenkippen') und innerhalb (‚Innenkippen') der Tagebaubetriebe. Allein der Abrauminhalt von Hambach I beträgt ca. 15,4 Mrd. m³; davon fallen bis 1995 schon 3,2 Mrd. m³ an;
  ● der Massentransport vor allem durch Transportbänder (Immissionsprobleme!);
  ● Rekultivierungsmaßnahmen (vgl. M 1.11);
  ● die Verlegung von Verkehrs-, Versorgungs- und Entsorgungseinrichtungen, sowie die Umsiedlung von Ortschaften;
  ● Immissionsschutz.

Die Menschen dieser Region sind in vielfältiger Weise mittelbar oder unmittelbar betroffen. Drei Aspekte sollen hervorgehoben werden:

— Umsiedlungen
Ein Vergleich des Tagebaus Hambach mit dem bisherigen Braunkohlenabbau von Rheinbraun (folgende Tabelle) weist auf die vergleichsweise niedrige Zahl der Umsiedler bei dem jüngsten Großprojekt hin:

Abbaugebiet	Zahl der Umsiedler	Zeitraum der Umsiedlungen in Jahren	Abbaufläche in km²	Einwohner pro km²
Rheinbraun insgesamt bis 1975	rd. 20 000	rd. 35	rd. 160,0	rd. 125
Tagebau Frechen	rd. 5 500	rd. 15	17,2	rd. 320
Tagebau Hambach I	rd. 5 200	rd. 50	82,5	rd. 60

(Quelle: Der Regierungspräsident Köln, 1977, S. 16)

Unterrichtsvorschläge

Die Zahl erhöht sich auf ca. 12 000, wenn Hambach II in Angriff genommen wird. Trotz aller Hilfen mit einer intensiven Bürgerbeteiligung bleiben bei der Umsiedlung soziale, planerische und wirtschaftliche Probleme zumindest für Teile der Betroffenen (vgl. M 1.6).

— *Land- und Forstwirtschaft*

Aus der nachstehenden Grafik ist der jeweilige Stand an Betriebsfläche und rekultivierter Fläche, unterteilt nach Nutzungsarten, abzulesen. Der landwirtschaftliche Anteil ist gestiegen.
Durch den Tagebau Hambach I wird die Landwirtschaft besonders betroffen (vgl. folgende Tabelle):

Landinanspruchnahme	in ha	in %
Landwirtschaft	4 080	48
Forstwirtschaft	4 015	47
sonstige Flächen	425	5
Gesamtsumme	8 520	100

Es werden mindestens 1000 ha für landwirtschaftliche und mindestens 3800 ha für forstwirtschaftliche Zwecke rekultiviert. Einige Landwirte erhalten bereits rekultivierte Flächen, andere Pachtland außerhalb des Reviers. Es müssen aber etliche ganz aus der Landwirtschaft ausscheiden (vgl. M 1.11)

— *Arbeitsmarktpolitische Überlegungen*

Der rheinische Braunkohlenbergbau beschäftigt gegenwärtig 17 000 Menschen. Die regionale Zulieferindustrie erzielt einen Jahresumsatz von ca. 400 Mio. DM. Die steuerliche Ertragslage von Kreisen, Städten und Gemeinden wird wesentlich beeinflußt.
Bei einem Verzicht auf Hambach I wären 7000 Arbeitsplätze gefährdet gewesen (*Der Regierungspräsident Köln* 1977, S. 15).
Das in seiner Dimension bisher einmalige Vorhaben in der BR Deutschland ist zugleich ein Beispiel für das Zusammenspiel von politischen, wirtschaftlichen und raumplanerischen Entscheidungsprozessen unter Einbeziehung umfangreicher Gutachten und einer ausgedehnten Bürgerbeteiligung. Allerdings wurde hier wirtschaftspolitischer, gesamtstaatlicher Zielsetzung gegenüber dem regionalen Zielsystem eindeutig der Vorrang eingeräumt.

2. Stundenziele

Die Schüler sollen:
— das Abbauverfahren im rheinischen Braunkohlentagebau in groben Zügen beschreiben können und dabei besonders die Vorteile durch Einsatz von Schaufelradbagger und Bandanlagen für den Transport begründen,
— die Verwendung der Braunkohle aufzeigen,
— die Bedeutung des Bodenschatzes Braunkohle im Vergleich mit anderen Primärenergieträgern für die Bundesrepublik bewerten,
— die Standortkombination von Tagebau und Kraftwerken begründen,
— über Notwendigkeiten und Möglichkeiten der Rekultivierung berichten; insbesondere:

Betriebsflächen und Wiedernutzbarmachung

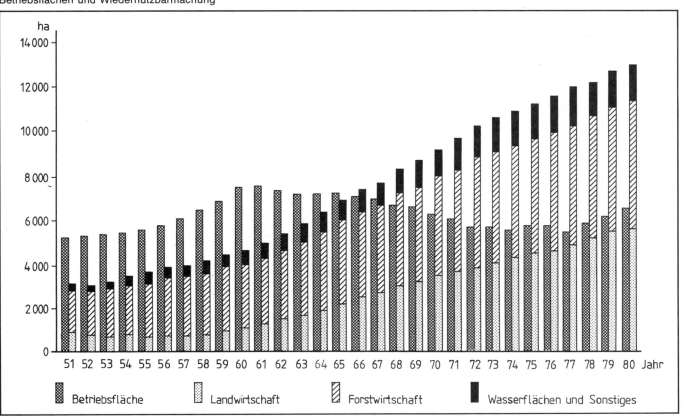

Unterrichtsvorschläge

- Siedlungen vor und nach der Verlegung beschreiben,
- Probleme der Menschen bei der Umsiedlung verstehen,
- rekultivierte Wald-Seen-Gebiete in ihrer Bedeutung als Naherholungsräume erkennen,
- über rekultivierte Flächen für die Landwirtschaft berichten,
- sich im Interpretieren von Bildern, Tabellen und Texten üben,

Zusatz:
- den Zusammenhang zwischen geolog. Struktur des rhein. Braunkohlenreviers und dem Voranschreiten des Abbaus und den Abbautechniken erläutern.

3. Methodische Hinweise

Die folgenden Profile sind als Anregungen für Tafelskizzen oder zum Kopieren (evtl. auf Folie für OP) gedacht:

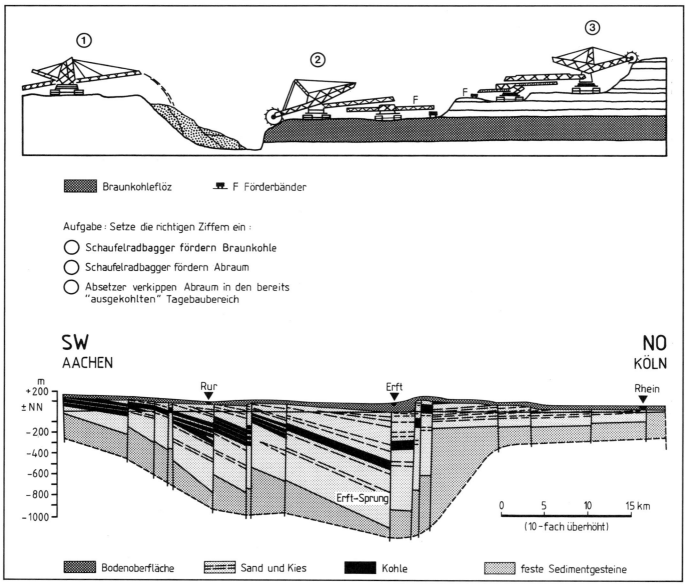

4. Verlaufsplanung

1. Unterrichtsphase (ca. 2—3 Std.): *Braunkohlenabbau im Tagebau*

Verlaufsstruktur	Medien	Lehrer-Schüler-Verhalten
1. Einstieg Weckung des Interesses (Motivation)	M 1.1 ,Baggertransport'; M 1.2 ,Ein technischer Riese unterwegs'	Ss erkennen Größe des Schaufelradbaggers, stellen Vergleiche an, vermuten technische Einsetzbarkeit; M 1.2 (Aufgabe 1) lösen

D | Unterrichtsvorschläge

Verlaufsstruktur	Medien	Lehrer-Schüler-Verhalten
2. *Erarbeitung* — topographische Einordnung	weiter M 1.2 und Atlas (z. B. Diercke, S. 40/I)	Lage und Ausdehnung des rheinischen Braunkohlentagebaus klären. M 1.2 (Aufgabe 2) lösen. Ss werten M 1.1, M 1.2 und Atlaskarte aus.
— Abbau der Braunkohle und ‚Absetzen' des Abraums	M 1.3 ‚Abbau im Tagebau' in Verbindung mit M 1.4. ‚Der Schaufelradbagger im Einsatz'	Abbauvorgang anhand von M 1.3 erschließen; durch M 1.4 (Aufgaben) Zusatz (mit Lehrerhilfe) geol. Struktur und Abbau in Beziehung setzen (L informiert über ‚Absetzen' des Abraums, erste Diskussion über Probleme des Tagebaus).
— Verwendung und Transport (teilweise auch als Hausaufgabe möglich)	M 1.5 ‚Verwendung und Transport der Braunkohle'; Atlas (z. B. Diercke S. 40/I, S. 36/I und S. 37/III)	Text, Tabellen und Aufgaben auswerten

2. Unterrichtsphase (ca. 2—3 Std.): *Probleme des Braunkohlentagebaus für Menschen und Umwelt*

Verlaufsstruktur	Medien	Lehrer-Schüler-Verhalten
1. *Wiederholung* (ggf. Besprechung der Hausaufgaben)		Ss äußern sich zur wirtschaftlichen Bedeutung der Braunkohle und stellen erkennbare Folgen in der Landschaft zusammen (Tafel)
2. *Einstieg und Erarbeitung I* Abbruch der Siedlungen, Umsiedlung der Bewohner	M 1.6 ‚Menschen müssen ihr Heimatdorf verlassen'	Ss werten Informationen über Umsiedlungen aus, diskutieren Pro und Contra verschiedener Umsiedlungsformen an Beispielen, bewerten Vor- und Nachteile für die Menschen, lösen Aufgaben
	M 1.7(t) ‚Morken-Harff um 1950' und M 1.8(t) ‚Morken-Harff um 1980 als Ortsteil von Kaster nach der geschlossenen Umsiedlung'	Ss vergleichen alten und neuen Siedlungsgrundriß, diskutieren und bewerten Veränderungen
3. *Erarbeitung II* Rekultivierung der ‚ausgekohlten' Tagebaue	M 1.9(t) ‚Neue Bauernhöfe auf der Berrenrather Börde' M 1.10(t) ‚Naherholungsgebiet Brühler Seenplatte' in Verbindung mit M 1.11 ‚Rekultivierung der ausgekohlten Braunkohlentagebaue'	Ss ordnen rekultivierte Gebiete auf der Atlaskarte ein und erarbeiten Formen der Rekultivierung (Tafel), Aufgaben lösen von M 1.9(t) und M 1.10(t) *Zusatz:* Gesamtbewertung der Rekultivierung
4. *Hausaufgaben* Welche Bedeutung hat die Braunkohle für die DDR? Begründe! (Atlas, z. B. Diercke S. 36 I) Stellt mit einer Welt-Energiekarte fest, in welchen Ländern die Braunkohle ebenfalls wichtig ist.		

Aufgabe zu M 1.7(t) und M 1.8(t):
Vergleiche den Dorfgrundriß von Morken-Harff um 1950 (1905 Einwohner) mit dem neuen Ortsteil von Kaster (1980: 6145 Einwohner; Kaster allein hatte 1950 nur 753 Einwohner). Beurteile die Veränderungen.

D.2 Vom Rohstoff ‚Zuckerrübe' zum Zucker: Beispiel Zuckerfabrik Lehrte bei Hannover

1. Regionalgeographische Sachanalyse

Der im Basiswissen erläuterte allgemeingeographische Zusammenhang zwischen Zuckerrübenanbau und den Standorten der Zuckerfabriken hat in der Bundesrepublik Deutschland nach 1945 zu einer Standortverlagerung des Anbaus geführt (heutiger Stand: vgl. Karte in M 2.1).

Lößböden waren früher die leichtesten, heute sind sie die schwersten Böden. Lehmige Sandböden bieten trotz ihrer Nährstoffarmut Vorteile bei Bestellung und Ernte. Mineraldüngergaben und Beregnung gleichen die Defizite aus.

Der Einzugsbereich der in der UE exemplarisch ausgewählten Zuckerfabrik Lehrte hat hauptsächlich leichtere Böden.

Der allgemeine Konzentrationsprozeß in der kapitalintensiven Zuckerindustrie führte in Niedersachsen in den letzten 20 Jahren dazu, daß die Zahl der selbständigen Gesellschaften von 49 auf 22 und die Zahl der Zuckerfabriken von 49 auf 31 zurückgingen. Die Lehrter Zucker AG war an diesem Vorgang entscheidend beteiligt; denn seit den 60er Jahren fusionierten mit Lehrte die Werke in Hohenhameln (1964 geschlossen), Algermissen (1963 geschlossen), Clauen, Peine (1984 geschlossen), Burgdorf (1970 geschlossen), Munzel-Holtensen, Dinklar (1985 geschlossen), Weetzen (1986 geschlossen) und Sehnde (1988 geschlossen).

Ein gleichmäßigeres Rübenaufkommen (Beteiligung an leichten und schweren Böden) und vor allem die Über-

Unterrichtsvorschläge

nahme der Anbaukapazitäten der geschlossenen Werke führten zu einer beträchtlichen Ausweitung der Produktion in Lehrte (1982: ca. 480 000 t; Rübenverarbeitung pro Tag: 1931: 1500 t; 1967: ca. 3000 t; 1983: ca. 6000 t).

Eine Reihe von Einflußgrößen beim Produktionsprozeß, die auch eine bedeutsame regionalgeographische Komponente haben, bleiben aus didaktischen und methodischen Gründen außer Betracht. Dazu gehören z. B. Herkunft des Kalkes aus Marienhagen bei Alfeld (für die Carbonation), Bereitstellung von Wasser und Energie sowie insbesondere Fragen des Umweltschutzes und der stadtplanerischen Aspekte (Flächennutzungskonkurrenzen, Verkehrsplanung).

2. *Stundenziele*

Die Schüler sollen:
— erkennen, daß die Standorte der Zuckerfabriken u. a. mit der räumlichen Nähe des Zuckerrübenanbaus zusammenhängen (Transporttechnik, Transportkosten);
— wissen, daß der agrarische ‚Rohstoff' Zuckerrübe im Industriebetrieb ‚Zuckerfabrik' verarbeitet wird:
- den Einzugsbereich und die Absatzstruktur einer Zuckerfabrik in den jeweils unterschiedlichen räumlichen Dimensionen kennenlernen,
- den Rohstoff- und Produktenkreislauf (Rüben, Rübenkraut, Zucker, Rübenschnitzel) und damit die Wechselbeziehungen zwischen landwirtschaftlichem Betrieb und Zuckerfabrik kennenlernen,
- den stark vereinfachten Produktionsablauf und die Lagebeziehungen (Luftbild) erkennen;
— die Bedeutung einer Zuckerfabrik als Arbeitgeber diskutieren (u. a. Saisonarbeit früher und heute).

3. *Methodischer Hinweis*

Die in den Bezugsquellen genannte Transparent-Folienmappe ‚Zucker' bietet für den Lehrer umfangreiches zusätzliches methodisches und inhaltliches Informationsmaterial. Damit ist es auch möglich, dieses Thema für höhere Klassenstufen einzusetzen.

4. *Verlaufsplanung*

1. Unterrichtsphase (ca. 1 Std.): *Standorte des Zuckerrübenanbaus und der Zuckerfabriken in der Bundesrepublik Deutschland*

Verlaufsstruktur	Medien	Lehrer-Schüler-Verhalten
1. Einstieg Impuls: „In der Bundesrepublik Deutschland werden jährlich ca. 34 kg Weißzucker je Einwohner verbraucht."		Ss erkennen die Bedeutung des Zuckers als Grundnahrungsmittel Ss suchen Beispiele für Zuckerverbrauch durch die Industrie
2. Erarbeitung Zuckererzeugung und -verbrauch Frage: Wo werden Zuckerrüben angebaut, wo verarbeitet?	M 2.1: Standorte des Zuckerrübenanbaus und der Zuckerfabriken in der BR Deutschland	Ss stellen Überproduktion an Zucker fest Ss klären anhand der Karte in M 2.1 Standorte und Bedingungen des Anbaus Ss lösen Aufgaben/evtl. Zusatzaufgabe
3. Hausaufgabe Vermutung zu Standortfragen der Zuckerfabriken		Ss stellen erste Vermutungen über die Lage der Zuckerfabriken an (wird später in M 2.3 vertieft)

2. Unterrichtsphase (ca. 3 Std.): *Zu Besuch in der Zuckerfabrik Lehrte*

Verlaufsstruktur	Medien	Lehrer-Schüler-Verhalten
1. Wiederholung Lage der Zuckerfabrik Lehrte	M 2.1 ‚Standorte des Zuckerrübenanbaus und der Zuckerfabriken in der BR Deutschland'	Ss Orientieren sich erneut an der Karte von M 2.1 und dem Atlas
2. Erarbeitung I — Ernte und Transport a) moderner Erntevorgang	M 2.2 ‚Ernte und Transport'	Ss vergleichen modernen Erntevorgang mit früherer Handarbeit (Befragung von Landwirten oder zusätzliche Lehrerinformationen vgl. Aufgabe)
b) Abhängigkeit d. Transportmittels von Entfernung u. techn. Vorgehen	M 2.3 ‚Herkunft und Transport der Zuckerrüben'	Ss lernen am Beispiel der Zuckerfabrik Lehrte Einzugsbereiche und Transportprobleme kennen (Auswertung der Aufgaben)
— Verarbeitung in der Zuckerfabrik Lehrte	M 2.4 ‚Verarbeitung in der Zuckerfabrik Lehrte'	Ss klären grob vereinfachten Produktionsablauf am Schema Ss Hilfe durch Ordnen (Numerieren der Bilder M 2.4 unten) und Vergleichen mit dem Fabrikablauf (Aufgabe lösen)
— Ordnung der Fabrikanlage	M 2.5(t) ‚Luftbild der Zuckerfabrik Lehrte'	Ss lernen Gesamtanlage im Bild kennen Ss ordnen (mit Hilfe des Lehrers) die Begriffe zu: Rübenlager, Rübenannahme, Zuckersilo, Zuckerlager, Versand/Verpackung, Auslaugungsturm, Hauptproduktionsgelände

Verlaufsstruktur	Medien	Lehrer-Schüler-Verhalten
	––– Grenze des Zuckerfabrikgeländes	
3. *Teilwiederholung*	M 2.2 und M 2.4	Ss erkennen (bzw. wiederholen) Nutzung der Abfallprodukte: Rübenblatt, Rübenschnitzel L.: gibt Informationen über Bedeutung der Rübenschnitzel (evtl. auch der Pellets) als Viehfutter
4. *Erarbeitung II* — Zuckerabsatz der Lehrter Zuckerfabrik — Die Zuckerfabrik Lehrte als Arbeitgeber	M 2.6 ‚Wohin wird der Zucker verkauft?' M 2.7 ‚Wer verbraucht den Zucker?' M 2.8 ‚Die Beschäftigten der Zuckerfabrik Lehrte'	Ss Tabellenauswertung: erfahren, daß im Gegensatz zum Rohmaterial-Einzugsbereich der Absatz weit gestreut ist Ss lernen die Hauptabnehmer kennen Ss erkennen die Bedeutung der Zuckerfabrik als Arbeitgeber mit zahlreichen Berufen Ss erkennen, daß Probleme der Saisonarbeit durch technische Entwicklung keine Bedeutung mehr hat
5. *Hausaufgabe* Woran mag es liegen, daß in den letzten Jahren viele Zuckerfabriken die Produktion eingestellt haben, während andere (wie z. B. Lehrte) immer größer geworden sind?		

D.3 Automobilindustrie in der BR Deutschland

1. Regionalgeographische Sachanalyse

Die Lage der Stammwerke der deutschen Automobilindustrie war — mit Wolfsburg als Ausnahme — eher zufallsbedingt: Es waren die Heimatorte der Gründer: *Adam Opel* in Rüsselsheim, aber auch *Carl Borgward* in Bremen können hierzu als Beispiel dienen.

In den 50er und 60er Jahren entstanden Zweigwerke. Sie waren vornehmlich arbeitskräfteorientiert, z. T. wurden sie aufgrund einer weitsichtigen Regionalpolitik durch öffentliche Fördermaßnahmen in industriellen Problemgebieten errichtet: VW in Salzgitter, Ford in Saarlouis und Opel (GM) in der früheren Bergbaustadt Bochum sind Beispiele hierfür.

Da die Transportkostenunterschiede innerhalb der Bundesrepublik nur einen geringen Kostenfaktor darstellten, war die Autoindustrie zunächst nicht marktorientiert. Andererseits gewann dieser Gesichtspunkt bei steigenden Exporterfolgen und relativ hohen inländischen Lohn- und Lohnnebenkosten schnell an Bedeutung und führte zum Bau zahlreicher Zweigwerke im Ausland. Bei dieser Entscheidung spielten auch wirtschaftspolitische Momente eine bedeutende Rolle: Das Ziel war die Sicherung der Auslandsmärkte. Als Beispiel sollen hier nur die VW-Produktionsgesellschaften im Ausland genannt werden: Volkswagen do Brasil, Volkswagen Caminhões (Lastwagen), Volkswagen Argentina, Volkswagen of America, Volkswagen de Mexico, Volkswagen of South Africa, Volkswagen of Nigeria, TAS Tvornica/Jugoslawien, Volkswagen Bruxelles/Belgien.

In der Automobilindustrie der BR Deutschland waren Ende 1986 knapp 725 000 Personen beschäftigt, d. h. 15 000 weniger als 1973 vor der ersten ‚Ölkrise'. Bereits 1982 wurde die Autoindustrie zur umsatzstärksten Exportbranche. Sie exportierte für 75 Mrd. DM Autos und erzielte damit im Automobilsektor einen Ausfuhrüberschuß von rund 58 Mrd. DM. Dieser Überschuß ent-

Unterrichtsvorschläge D

sprach annähernd dem Wert der gesamten deutschen Ölimporte (siehe Schaubilder M 3.14).
1986 erreichte die Autoproduktion 4,6 Mio. Fahrzeuge, d. h. jedes zehnte der weltweit poroduzierten Automobile lief in der BR Deutschland vom Band. Der Kfz-Export entwickelte sich so:

1950	84 000 Fahrz.	1980	2 084 000 Fahrz.
1960	983 000 Fahrz.	1985	2 745 000 Fahrz.
1970	2 103 000 Fahrz.	1986	2 694 000 Fahrz.

2. Stundenziele

Die Schüler sollen:
— Vor- und Nachteile der Massenmotorisierung benennen können,
— die volkswirtschaftliche Bedeutung der Automobilindustrie für die Bundesrepublik Deutschland einschätzen können,
— die Folgen der starken Exportabhängigkeit für die deutsche Automobilindustrie abschätzen können,
— erklären können, weshalb die Autoindustrie eine Schlüsselindustrie ist,
— begründen können, weshalb Autofabriken mit einer großen Zahl von Zulieferfirmen im In- und Ausland zusammenarbeiten,
— Vorkriegs- und Nachkriegsstandorte von Automobilfabriken in der Bundesrepublik kennen,
— an Beispielen erklären können, weshalb deutsche Autofirmen über mehrere Produktionsstätten verfügen,
— den Konzentrationsproreß der Automobilindustrie begründen können,
— beschreiben und erklären können, welcher Zusammenhang zwischen Auto-Produktionszahlen und Beschäftigtenzahlen in der Autoindustrie besteht,
— Kriterien für die Beurteilung der Zukunftschancen der deutschen Automobilindustrie benennen können.

3. Methodische Hinweise

Darstellungmöglichkeit der Produktionsverflechtungen,

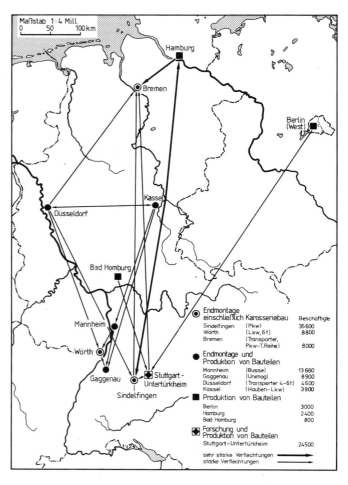

Beispiel Daimler-Benz; geeignet als vereinfachte Folienzeichnung oder Tafelskizze.
Schülerbegriffswissen aus der Unterrichtseinheit „Automobilindustrie in der Bundesrepublik Deutschland": Massenmotorisierung, Schlüsselindustrie, Wachstumsindustrie, Autoexport, Stammwerk, Zweigwerk, Zulieferindustrie, mittelständische Betriebe, Branche, Prototyp, Nullserie; Lohnempfänger, Gehaltsempfänger, Individualverkehr, Motorisierungsdichte.

4. Verlaufsplanung

1. Unterrichtsphase (1 Std.): *Die Automobilindustrie in der BR Deutschland (Standorte, wirtschaftliche Bedeutung)*

Verlaufsstruktur	Medien	Lehrer-Schüler-Verhalten
1. Einstieg Impuls: „In allen Ländern der Erde gibt es Autos. Aber nicht jedes Land hat eine eigene Autoindustrie. Welche Folgen hätte es, wenn die Bundesrepublik keine Autoindustrie besäße?"	Tafel	Brainstorming/S-S-Interaktion
2. Ergebnissicherung	M 3.1	S liest M 3.1 vor
3. Erarbeitung I Alte und neue Standorte der deutschen Automobilindustrie und ihre Beschäftigtenzahl	M 3.2/Atlas; ggf. M 3.2a/M 3.2b	Ss benennen Stammwerke und neue Standorte, lesen M 3.2a und bearbeiten ggf. die Fragen 1 und 2; Vergleich der Beschäftigtenzahlen
4. Erarbeitung II Impuls: „Die Autoindustrie benötigt eine leistungsfähige Zulieferindustrie. Was wird nicht in den Autofabriken selbst hergestellt?" — Beispiel Stahl	 M 3.4/Tafel, Atlas	L-Impuls: Ss äußern Vorkenntnisse (nennen z. B. Reifen, Batterie, Sicherheitsgurt, Fenster) Ss beantworten Frage 1; L sammelt Argumente an der Tafel. Ss lösen Fr. 2 in Partnerarbeit, ggf. Fr. 3 im Unterrichtsgespräch.

D — Unterrichtsvorschläge

Verlaufsstruktur	Medien	Lehrer-Schüler-Verhalten
— Die Bedeutung der Zulieferindustrie	M 3.5 und M 3.6	Stillphase zum Lesen, einzelne statistische Angaben besprechen; Größenordnung einschätzen, vergleichen.
5. *Hausaufgabe:* Erstelle mit Hilfe der Kartenvorlage M 3.3 eine thematische Karte mit den jeweiligen Stammwerken von Daimler-Benz und der Volkswagen AG und ihren weiteren Werken. Stelle die Beschäftigtenzahl der einzelnen Werke anschaulich dar (z. B. durch Stab- oder Kreisdiagramme).		

2. Unterrichtsphase (ca. 1 Std.): *Die Automobilindustrie in der BR Deutschland (Produktionsstätten und Beschäftigte)*

Verlaufsstruktur	Medien	Lehrer-Schüler-Verhalten
1. *Wiederholung/Hausaufgabenbesprechung* In welchen Städten in der Bundesrepublik gibt es Automobilfabriken? Welches ist das größte, das kleinste Werk? Warum haben die meisten Autofirmen mehrere Fabrikationsstätten?	Hausaufgabe; Wandkarte	Ss zeigen an der Wandkarte, verwenden dabei ihre Hausaufgabe. L weist auf Beschäftigtenproblematik hin (z. B. Pendlerströme)
2. *Erarbeitung I* (Stundenschwerpunkt) Impuls: „Lange Zeit war die dt. Autoindustrie eine der wichtigsten Wachstumsindustrien …"	M 3.7—M 3.9	Ss werten Tabellen aus (arbeitsteilige Gruppenarbeit; zur Differenzierung ggf. mit den Zusatzaufgaben)
3. *Ergebnissicherung*	Tafel	Ss-Gruppen tragen ihre Ergebnisse vor; L notiert
4. *Erarbeitung II* Impuls: „Internationaler Wettbewerb zwingt zur Rationalisierung"	M 3.10 M 3.18(t)—M 3.20(t)	Ss lesen vor; benennen Hauptgedanken. Unterrichtsgespräch
5. *Hausaufgabe* M 3.9 (Fragen 1 und 2 bearbeiten) Als Referat: M 3.11	M 3.0(t)	

3. Unterrichtsphase (ca. 1 Std.): *Die Automobilindustrie in der BR Deutschland (Die Zukunft der deutschen Autoindustrie)*

Verlaufsstruktur	Medien	Lehrer-Schüler-Verhalten
1. *Besprechung der Hausaufgabe* Impuls (Tafelnotiz): „Produktion zunehmend bedeutet Beschäftigung zunehmend?"	M 3.7	Ss lesen ihre Antworten vor
2. *Kurzreferat*	M 3.11	S-Vortrag, dann L-S-Gespräch zu Frage 2
3. *Erarbeitung* Zukunft der deutschen Automobilindustrie	M 3.12	Ss bearbeiten Fragen 1 und 2 in Partnerarbeit
4. *Ergebnissicherung*	M 3.13; ggf. M 3.14 mit M 3.15	Gemeinsam lesen, Fragen im L-S-Gespräch klären
5. *Themenöffnung* Werbung für das Auto: früher — heute	M 3.16 und (nochmals) M 3.17	Ss erkennen den Fortschritt im Autobau der letzten 90 Jahre

freiwillige Hausaufgabe: Autowerbung aus Zeitungen/Zeitschriften ausschneiden; ggf. in Absprache mit dem Deutschlehrer.

D.4 Industrialisierung ohne Rohstoffe: Das Beispiel Singapur

1. Regionalgeographische Sachanalyse

Singapur wurde 1819 als Handelsstützpunkt der British East India Company gegründet und war ab 1867 britische Kolonie. Nach zweijähriger Zugehörigkeit zur ‚Federation of Malaysia' wurde der Stadtstaat 1965 eine unabhängige Republik. Als Land mit ca. 600 km² Fläche (einschließlich der ca. 40 küstennahen Inseln) und damals fast 2 Mio. Einwohnern, ergab sich nach der Selbständigkeit verstärkt der Zwang zur Industrialisierung, da der traditionelle Transithandel nicht annähernd genug Arbeitsplätze bot.

Als einziger Staat Südostasiens ohne natürliche Rohstoffe (von Granit abgesehen) war Singapur fast völlig auf importierte Rohstoffe und Nahrungsmittel angewiesen. Gunstfaktoren für die Industrialisierung bestanden in der günstigen geographischen Lage, einer einsatzbereiten und zunehmend besser ausgebildeten Bevölkerung sowie einer politisch stabilen und ökonomisch weltoffenen Regierung.

Mit Beginn des ersten Entwicklungsplanes (1961—1965) wurden das Defizit an Infrastruktureinrichtungen kontinuierlich abgebaut und die Verarbeitende Industrie bewußt gefördert.

Seit 1967 besteht ein Sonderprogramm zur Förderung der Exportindustrie. Es sorgt für eine verbesserte Ausbildung von Fachkräften, eine Erhöhung der Produktivität, Steuererleichterungen für Exporte und Investitionen und besondere Subventionen für ausländische Investoren.

Unterrichtsvorschläge

1968 übernahm die ‚Jurong Town Corporation' die Entwicklungsaufgaben in den neu geschaffenen ‚Industrial Estates' (Industriezonen oder -parks), deren Zahl bis 1985 auf 23 angewachsen ist (vgl. M 4.8, M 4.9). ‚Jurong Industrial Estate' als größter und besonders expansiver Industriepark wird exemplarisch zusammen mit dem ‚Jurong Industrial Port', der Versorgungsbasis für die Erdölförderung ‚Jurong Marine Base', und den neuen Großprojekten auf den südlichen Inseln vorgestellt.

Seit Mitte der 70er Jahre verfolgt eine langfristige Strategie eine qualitative Verbesserung der Industriestruktur, d. h. arbeitsintensive Niedriglohnproduktion soll weitgehend durch automatisierte und rationalisierte Erzeugung ersetzt werden, anders gesagt: es geht um Ansiedlung und Ausbau technologisch hochstehender kapitalintensiver Industriezweige (vgl. in M 4.8 ‚Ausgewählte Zweige der Industrie Singapurs 1980').

Als besonders dynamisch erwies sich die Verarbeitende Industrie, deren Beitrag zum BSP von ca. 12 % im Jahre 1960 auf ca. 29 % im Jahre 1980 anstieg. Da gleichzeitig der Dienstleistungssektor (besonders Banken, Finanzwesen) und der Handel zunahmen, kann man zusammenfassend feststellen, daß sich Singapur von einem Transithandelsland zu einem internationalen Finanz- und Verkehrszentrum mit relativ breit gefächerter moderner Industrie entwickelt hat (vgl. Dresdner Bank 1981, S. 9).

Die Phase des raschen Gesamtwachstums der Wirtschaft ist seit Anfang der 80er Jahre vorerst vorüber (vgl. dazu *Heineberg* 1986, S. 502 ff.), dennoch werden die weiteren Wachstumschancen auf dem expandierenden südostasiatischen Markt vor allem im Bereich der Dienstleistungen und der Wachstumsindustrien auch weiterhin positiv bewertet.

2. Stundenziele

Die Schüler sollen:
— die für die Industrialisierung Singapurs wichtigen geographischen und sozioökonomischen Rahmenbedingungen im Vergleich zu anderen Staaten erkennen,
— die besonderen Standortbedingungen für die Industrie in Singapur, wie sie aus der Sicht der Regierung bestehen, kritisch bewerten,
— am Beispiel des neuen Industrieparks (‚Industrial Estate') Jurong:
  - die Schwierigkeiten und Kosten bei der Schaffung neuer Industrieflächen durch Neulandgewinnung kennenlernen,
  - die veränderte moderne Industriestruktur des Stadtstaates aufzeigen und Gefahren der Einseitigkeit diskutieren,
  - Singapurs Bedeutung für Erdölindustrie, Petrochemie und als Basis für die Offshore-Exploration (Erdölsuche in den Flachmeeren) Südostasiens erkennen,
  - den Zusammenhang zwischen Industrie-, Hafen- und Arbeitersiedlungsentwicklung erklären,
— sich im Umgang mit spezifischen geographischen Medien (Tabellen, Zusammenschau von Luftbild und topographischer Karte) üben.

3. Verlaufsplanung

1. Unterrichtsphase (ca. 2—3 Std.): *Rahmenbedingungen für die Industrialisierung Singapurs: Standortbedingungen der Industrie*

Verlaufsstruktur	Medien	Lehrer-Schüler-Verhalten
1. *Einstieg* Textanalyse	M 4.1 ‚Singapur im Jahre 1965'	Ss gewinnen aus historischen und sozioökonomischen Rahmenbedingungen Problembewußtsein für die Industrialisierung; Einordnung der Staatsgröße und des Bevölkerungswachstums im Vergleich, Aufg. lösen
2. *Erarbeitung* — Standortbedingungen für die Industrie aus der Sicht der Regierung	M 4.2 ‚Standortbedingungen für die Industrie in Singapur'	Gruppen- oder Partnerarbeit: kritische Auswertung eines Industrie-Werbetextes im Hinblick auf Standortbedingungen (Aufg. 1 und 2); Analyse der Atlaskarte (Diercke S. 140/IV)
— Einfluß der Lohn- und Lohnnebenkosten	M 4.2 (s. o.) und M 4.3 ‚Lohnkosten und Lohnnebenkosten'	Bewertung der Lohn- und Lohnnebenkosten im Vergleich (M 4.3 Aufgabe)
— Auswirkungen auf Import- und Exportstruktur; Verteilung der Wertschöpfung in der Fertigwarenindustrie	M 4.2 (s. o.), M 4.4 ‚Die wichtigsten Handelspartner Singapurs' und M 4.5 ‚Wichtige Güter der Einfuhr nach (der Ausfuhr aus) Singapur'	Analyse der Tabellen anhand der gestellten Aufgaben (M 4.4 und M 4.5 alle Aufgaben); alternativ (evtl. als Hausaufgabe): Daten in vorgegebene Weltkarte einzeichnen (als Banddarstellung oder durch Säulen etc.)
3. *Hausaufgabe/Teiltransfer*	Atlas, Lexikon	Staat suchen, der nach Größe, Wirtschaftsstruktur, Lage, Geschichte etc. am ehesten mit Singapur vergleichbar ist (z. B. Hongkong). Unterschiede (evtl. nach Diercke S. 190)

Unterrichtsvorschläge

2. Unterrichtsphase (ca. 3 Std.): *Jurong — Das industrielle Herz Singapurs*

Verlaufsstruktur	Medien	Lehrer-Schüler-Verhalten
1. Einstieg Kartenanalyse, Bildvergleich	M 4.6(t) ‚Ausschnitt aus der Stadtkarte Singapur 1:50 000' und M 4.7 ‚Stadtkarte als Kopiervorlage'	Ss ordnen Kartenausschnitt M 4.6(t) bei M 4.7 ein; erkennen geplante Industrie- und Wohnviertel, Zusammenhang: Hafen—Industrie—Wohnen, noch ungenutzte Flächen und neue Planungen (Neulandgewinnung)
2. Erarbeitung — Entwicklung, Größe, Industriestruktur	M 4.8 ‚Jurong Industriekomplex (Jurong Industrial Estate) — Singapurs größte Industriezone' und M 4.7 (s. o.)	Text und Tabellen lesen und auswerten, Fragen beantworten
— staatl. Baumaßnahmen und Industrieansiedlung	M 4.9 ‚Industrieförderung durch Baumaßnahmen des Staates'	Ss werten Text und Tabellen aus und diskutieren den Zusammenhang zwischen staatlichen Baumaßnahmen und Industrialisierungspolitik (Aufgaben)
— Industriehafen Jurong „Jurong Marine Base" (Versorgungs- u. Reparaturbasis der südostasiatischen Öl-, Gas- und Mineralexploration im Offshore-Bereich	M 4.10 ‚Industriehafen Jurong', M 4.7 (s. o.), und M 4.11 ‚Versorgungsbasis Jurong'	Zusammenhänge von Industriezonen und Spezialhäfen erkennen; Aufgaben lösen
— Die südlichen Inseln (Raffineriestandorte; Petrochemie; Entwicklungsproblem: Platzmangel)	Parallelprojektion von M 4.6(t) (s. o.) und M 4.12(t) ‚Luftbild: Teile der südlichen Inseln' M 4.13 ‚Neue Landgewinnungsgroßprojekte im Bereich der südlichen Inseln'	Vergleich: Luftbildausschnitt aus topographischer Karte (Einordnen, ‚Norden' festlegen, Inhaltsanalyse beider Medien) Aufgaben lösen: Neulandgewinnung als Problem und Kostenfaktor diskutieren; Chancen und Gefahren der Erdöl- und Petrochemie verstehen

Aufgaben zu M 4.12(t)
1. Welchen Kartenausschnitt (M 4.6(t)) zeigt M 4.12(t)? Benenne die wichtigsten Inseln.
2. Welche für Singapur wichtige Industrie hat hier ihren Standort? Welche zu dieser Industrie gehörenden Einrichtungen erkennst Du (evtl. Lexikon oder Sachbücher benutzen)?
3. Kannst Du Dir denken, warum in dem Ausschnitt der Stadtkarte (herausgegeben vom Verteidigungsministerium) die unter Nr. 2 gesuchte Industrie nicht eingezeichnet ist?

D.5 Ökonomische und politische Einflüsse auf Industriestandorte und -mobilität: Beispiel Berlin (West)

1. Regionalgeographische Rahmenbedingungen

— *Industrielle Rahmenbedingungen*
Bevölkerung: Berlin, das bei Kriegsbeginn über 4,3 Mio. Einwohner zählte, verlor bis 1945 mehr als ein Drittel seiner Bevölkerung. Nach der Rückkehr der Bewohner in den ersten Nachkriegsjahren ging die Einwohnerzahl seit 1958 wieder ständig zurück. 1986 zählte Berlin (West) 1,9 Mio. Einw. In Ostberlin wohnten 1986 rund 1,13 Mio. Menschen. Die Teilung Deutschlands, die Berlin zur Insel werden ließ, die Spaltung der Stadt, die Nachkriegsjahre und der Bau der Mauer prägten Westberlins Bevölkerungsstruktur. Der Anteil der über 65 Jahre alten Einwohner lag mit rund 23% erheblich über dem Bundesdurchschnitt von 15%. In der Altersgruppe der unter 15jährigen schnitt Berlin mit 15% ebenfalls ungünstig ab. Der Bundesdurchschnitt liegt hier bei 23%. Inzwischen aber liegt der Anteil der über 65jährigen unter 20% — von ‚Überalterung' kann also nicht mehr die Rede sein.
Berlin ist stark auf Zuwanderer angewiesen. Obgleich seit dem Mauerbau im Jahre 1961 bis Ende 1985 rund 450 000 Bürger aus dem übrigen Bundesgebiet nach Berlin gezogen sind, ist dennoch seit 1972 ein Negativsaldo festzustellen, der nur durch die große Zahl ausländischer Zuwanderer überdeckt wird. 1986 lebten 241 000 Ausländer in Berlin, davon allein 120 000 Türken und 30 000 Jugoslawen.

Arbeitsmarkt: Hauptproblem ist die strukturelle Arbeitslosigkeit. Das führt u. a. dazu, daß nach wie vor mit beträchtlichem Werbeaufwand Facharbeiter aus Westdeutschland angeworben werden. Insellage und Wohnsituation erschweren trotz finanzieller Hilfen diese Bemühungen (siehe M 5.18).

Energieversorgung: Die Spaltung Berlins führte auch zur Spaltung der Energieversorgung. Daher war es ein Ziel, Westberlin in der Versorgung mit den Sekundärenergien Gas und Strom autark zu machen. Die Primärenergien Kohle und Heizöl werden auf dem Wasser- und Landweg nach Berlin transportiert. Eine umfassende Bevorratung sichert die Versorgung auch in Krisenzeiten.

Da die Stromerzeugung zu rund 30% aus Mineralöl gedeckt wird, hat Berlin eine relativ hohe — und teure — Mineralölabhängigkeit. Daher soll ein Heizkraftwerk auf Kohlebasis mit einer Leistung von 600 Megawatt gebaut werden. Die acht bestehenden Kraftwerke verfügen über eine Gesamtleistung von 2251 Megawatt, die Höchstbelastung betrug 1980 1538 Megawatt. Angestrebt wird ferner ein Erdgasverbundsystem mit der DDR, was u. a. eine erhebliche Reduzierung der Umweltbelastung Berlins bedeutet.

— *Entwicklung der industriellen Struktur seit 1945*
Durch die politische Entwicklung nach dem 2. Weltkrieg hat Berlin einen Teil seiner ehemals zentralen Funktion für die deutsche Industrie an andere Städte in Westdeutschland abgegeben.

Unterrichtsvorschläge

Der wirtschaftliche Wiederaufbau Berlins kam nach dem Kriege infolge von Demontage, Abwanderung von Betrieben und Blockade nur verzögert in Gang. Die Liefer- und Bezugsgebiete im Umland waren versperrt. Die Wirtschaftswunderjahre begannen somit in Berlin mit Verspätung. Besondere steuerliche Vergünstigungen führten jedoch zu überdurchschnittlichen Investitionen und damit auch überdurchschnittlicher Produktivität (siehe M 5.5; M 5.14). Das Viermächte-Abkommen von 1971 brachte Verbesserungen für Berlin und seine Wirtschaft; an den grundsätzlichen Problemen, die aus der Insellage der Stadt herrühren, änderte sich jedoch nur wenig. Der konjunkturelle Einbruch Ende 1975 führte vor allem zu einem verstärkten Beschäftigtenrückgang in der Industrie (siehe M 5.3) und hatte besondere Förderungsmaßnahmen zur Folge.

Von 1970 bis 1987 ist die Zahl der industriellen Arbeitsplätze von 265 000 auf 161 000, d. h. um ca. 40 % zurückgegangen. Im übrigen Bundesgebiet stieg dagegen die Zahl der Industriebeschäftigten bis Anfang der 70er Jahre und ging bis 1986 erheblich geringer zurück. Seitdem wurden in Berlin bis 1987 über 35 000 Arbeitsplätze geschaffen — überwiegend im Dienstleistungsbereich.

In der BR Deutschland arbeiten fast 12 % der Bevölkerung in der Industrie, in Berlin (West) dagegen nur 8 %: Dennoch ist Berlin die deutsche Stadt mit den meisten Industriebeschäftigten.

Seit 1961 wurden in Berlin über 160 Betriebe mit insgesamt 18 000 Beschäftigten neuangesiedelt.

Das Umsatzvolumen der Berliner Industrie stieg trotz sinkender Beschäftigtenzahl von 1,6 Mrd. DM im Jahre 1950 auf rund 34 Mrd. DM 1979. Hieran wird das Ausmaß des Produktivitätszuwachses deutlich. — Bedeutendster Industriezweig ist die Elektroindustrie, vor dem Maschinenbau (siehe M 5.5). Die ehemals berühmte Berliner Bekleidungsindustrie, ein überwiegend mittelständischer Industriezweig, hat stark an Bedeutung verloren.

1986 waren in den knapp 12 000 Handwerksbetrieben über 128 000 Arbeitnehmer beschäftigt. Seit 1975 sind hier knapp 10 000 neue Arbeitsplätze entstanden, wobei sich die Betriebsgröße zu Lasten der Kleinbetriebe bis zu vier Beschäftigten verändert hat.

Die Berliner Investitionsgüterindustrie erzielte 1981—82 die Hälfte des industriellen Umsatzes. Zwei Drittel der Industriebeschäftigten der Stadt sind hier beschäftigt. Elektroindustrie und Maschinenbau sind die bedeutendsten Branchen — gerade hier findet weltweit ein Wandel von der Mechanik zur Elektronik statt. Bis 1982 war die Berliner Industrie noch zu stark auf die Mechanik ausgerichtet. Diese traditionellen Produkte werden inzwischen oft — billiger — in Ländern der Dritten Welt produziert. Mehrere Großunternehmen haben ihre Hauptverwaltung in das Bundesgebiet verlegt. Damit haben sich die traditionellen Bande gelockert, Fühlungsvorteile Berlins gingen verloren. Berlin blieb Produktionsstätte, ‚Werkbank', aber nur noch eine unter vielen.

— *Bundeshilfe und Berlinförderung*

Der Bund gewährt einen Finanzausgleich. Die Bundeshilfe, die eine unmittelbare finanzielle Leistung darstellt, wird durch ein umfangreiches System von Förderungsmaßnahmen ergänzt. Die Bundeshilfe betrug z. B. 1980: 9,25 Mrd. DM, das sind 53 % des Berliner Haushaltsvolumens. Nur 25 % des Berliner Haushalts werden durch Steuereinnahmen gedeckt, in Baden-Württemberg sind es 61 %.

Mit der Bundeshilfe sollen auch politisch bedingte Folgelasten ausgeglichen werden, z. B. die Kosten der Vorratshaltung oder die hohen Infrastrukturkosten, die durch die Bodenknappheit bedingt sind. Die Berlinförderung räumt der Berliner Wirtschaft und ihren Arbeitnehmern steuerliche Vergünstigungen ein. Hierbei handelt es sich z. B. um Umsatzsteuervergünstigungen für die Herstellung und den Absatz Berliner Waren und Leistungen auf Märkten im Bundesgebiet, ferner um Investitionszulagen, verbilligte Kredite, Kindergeldzuschlag und eine 8%ige Zulage zum Bruttoverdienst. Diese Berlinförderung belief sich 1979 auf über 5 Mrd. DM. Insgesamt hat die BR Deutschland bis 1987 150 Mrd. DM für Berlin aufgewendet.

Die staatliche Förderungspolitik führte — bei hohen Kosten und manchem Mißbrauch — zu Neuansiedlungen. Noch 1980 wurden 41 Projekte mit einem Investitionsvolumen von 270 Mio. DM und 1700 Arbeitsplätzen registriert. Aus den Werten wird deutlich, daß vor allem aus steuerlichen Gründen besonders kapitalintensive Neuansiedlungen vorgenommen werden. Durch die Novellierung des Berlin-Förderungsgesetzes sollen in Zukunft Fehlentwicklungen vermieden werden. In ihm werden die Herstellerpräferenzen neu geregelt:

Grundlage für die Umsatzsteuerermäßigung bei Lieferung von Westberliner Unternehmen in das übrige Bundesgebiet sollen nun ausschließlich die ‚Berliner Leistungen' sein. Durch diese Neuordnung soll ein größerer Anreiz zur Erhöhung der Wertschöpfung in Berlin geschaffen werden. Davon verspricht man sich eine bessere Absicherung der Arbeitsplätze. Auch werden deshalb die Berliner Löhne in die Wertschöpfung einbezogen und für Auszubildende ein Zuschlag angerechnet. Um die Unternehmen zur Inanspruchnahme von Berliner Zulieferungen zu veranlassen, werden auch die Berliner Vorleistungen der Wertschöpfung zugeschlagen.

Nicht verändert wurden die Abschreibungs- und Kreditvergünstigungen. Diese Regelungen standen wiederholt im Kreuzfeuer der Kritik.

— *Perspektiven für das Jahr 2000*

,,Was wird sein im Jahr 2000? West-Berlin, eine Stadt mit ausgezehrtem industriellen Potential, uninteressant geworden für Investoren, Einkäufer und Arbeitskräfte? Nur noch 1,5 Mio. Einwohner, davon jeder fünfte ein Ausländer, jeder zehnte ein Türke? Handel und Dienstleistungen geschrumpft mangels Nachfrage? Jugendliche, die abwandern, weil sie hier keine Chance mehr sehen? Unruhen, Arbeitslosigkeit, noch mehr Sozialhilfeempfänger? Höhere Berlin-Förderung, höhere Bundeszuschüsse zum Landeshaushalt? Verfallene Stadtviertel, weil weder

Unterrichtsvorschläge

der Staat noch private Bauherren Geld für Neubauten und Modernisierungen haben?
Käme es soweit, dann wäre West-Berlin nicht nur wirtschaftlich, sondern auch politisch morbide. Das westliche Gesellschaftssystem hätte versagt. Solidarität, Verantwortung, Freiheit, *soziale* Marktwirtschaft, nationale Einheit — das alles wären nur noch hohle Worte." (aus: Die Zeit — Berlin-Dossier vom 10. 12. 1982).

2. Stundenziele

Einsicht in die Ursachen der Schwierigkeiten des Industriestandortes Berlin (West). Lösungsansätze kennenlernen und bewerten.

Die Schüler sollen
— den wirtschaftsgeschichtlichen Hintergrund für die Industrie Berlins kennenlernen und daraus gegenwärtige Probleme ableiten können,
— Standortvor- und -nachteile der Industrie von Berlin (West) benennen und begründen können,
— Ursachen für den Rückgang der Industriebeschäftigtenzahl benennen und die Auswirkungen auf die Struktur der Stadt abschätzen können,
— Ursachen und Folgen der Berlinförderung kennen,
— ggf. Ursachen und Folgen der neuen Berlinförderung (1982) erläutern können,
— die zukünftigen Aussichten Berlins als Industriestandort einschätzen,
— den Sinn der Berlinförderung durch die Bundesregierungen erkennen und bejahen,
— die wirtschaftspolitische Rolle Berlins beschreiben können.

3. Methodische Hinweise

Mögliches Tafelbild (nach M 5.1—M 5.3)

Ursachen für Industrieprobleme von Berlin (West)
Kriegsschäden
Zweiteilung und Verlust der Hauptstadtfunktion
Insellage mit politischer Unsicherheit
Verlagerung von Firmensitzen in die Bundesrepublik
Fehlendes Umland = fehlende Nachfrage
Wohnprobleme durch falsche Baupolitik
Strukturwandel verpaßt (Elektro-, Bekleidungsindustrie)

Schülerbegriffswissen aus dieser Unterrichtseinheit: Berlin-Blockade, Mauerbau, Transitabkommen, Transitpauschale; Subventionen, Strukturwandel; Bekleidungsindustrie, Ernährungsindustrie; Berlinförderungsgesetz, Innovationsfonds, arbeitsplatzintensive Investitionen, ‚Werkbank Berlin'.

4. Verlaufsplanung (ca. 1 Std.)

1. Unterrichtsphase: *Industriegroßstadt Berlin*

Verlaufsstruktur	Medien	Lehrer-Schüler-Verhalten
1. Einstieg Brainstorming Ss-Vorkenntnisse Berlin (West)	Tafel/Folie	Ss äußern ihr Vorwissen
2. Erarbeitung — Lage Berlins	Atlaskarten (z. B. Diercke S. 30—21; S. 45/I—IV; S. 13/I)	Ss messen und vergleichen Entfernungen
— Daten zur Geschichte Berlins	M 5.1	Ss lesen; gemeinsames Klären unbekannter Begriffe
— Ursachen für Industrieprobleme von Berlin (West)	M 5.2—M 5.4	Arbeitsteilige Gruppenarbeit (M 5.2; bzw. M 5.3 und M 5.4); Ss benennen Ursachen, L erstellt Tafelbild (siehe Kap. D. 5, Ziff. 3)
— Veränderungen der Industriestruktur von Berlin (West)	M 5.5—M 5.7; ggf. M 5.8, M .5,9, ggf. M 5.10, Atlas	Tabellen und themat. Karten mit L-Hilfe auswerten.
3. ggf. Hausaufgabe M 5.8 Aufbau erläutern, Trends farbig markieren und Hauptaussagen schriftlich formulieren		Aufbau M 5.8 besprechen

2. Unterrichtsphase (ca. 2 Std.): *Die Berlinförderung*

Verlaufsstruktur	Medien	Lehrer-Schüler-Verhalten
1. Wiederholung Wie hat sich die Beschäftigung der Arbeitnehmer seit 1960 in Berlin (West) entwickelt?	M 5.8	Ss tragen ihre Hausaufgabe vor: erkennen die Abnahme der Beschäftigtenzahl in Industrie und Gewerbe
2. Erarbeitung I — Warum muß Berlin gefördert werden? — Möglichkeiten der Berlinförderung?	ggf. Tafelbild (vgl. Kap. D.5, Ziff. 3) Tafelnotiz	Ss nennen Standortnachteile von Berlin (West) L-Impuls; Ss überlegen sich Möglichkeiten und schätzen in S-S-Interaktionen Realisierungschancen ab
— Argumente für den Industriestandort Berlin (West) — Warum muß Berlin für sich werben?	M 5.11, ggf. weitere Werbeausschnitte aus Zeitungen M 5.12 (ggf. als Folie)	Ss benennen Hauptargumente. Im L-S-Gespräch: Maßnahmen besprechen Ss erkennen Veränderung der Erwerbstätigenzahl im Vergleich zum Bundesgebiet; formulieren Hypothesen über Folgen

Unterrichtsvorschläge

Verlaufsstruktur	Medien	Lehrer-Schüler-Verhalten
3. *Hausaufgabe/Kurzreferat* M 5.13: Förderung innovationsorientierter Unternehmen erläutern		
4. *Neueinstieg* Werbung für den Industriestandort Berlin (West)	M 5.13	Ss tragen Notizen zu M 5.13 vor, ggf. Kurzreferate
5. *Erarbeitung II* — Mängel der Wirtschaftsförderung	M 5.14; ggf. M 5.15 und M 5.16	Pro-Contra-Diskussion
— Welche Zukunft hat Berlin (West)?	M 5.17 vergleichend mit M 5.18 und M 5.19	Ss lernen Argumente kennen und gewichten sie
— Welche politische Rolle hat Berlin (West)?	M 5.20	L-S-Gespräch

D.6 Der Raum mit Wachstumsindustrie: Silicon Valley in Kalifornien/USA

1. Regionalgeographische Sachanalyse

Kennzeichen des Wirtschaftsgefüges von Kalifornien sind:
— zweitgrößter Verdichtungsraum der USA (24,2 Mio. Einwohner),
— Los Angeles: Kern der Pazifischen Metropolen,
— Wachstumsregion im Sonnengürtel 1960: 15,717 Mio. E.; 1980: 23,669 Mio. E.; Bevölkerungszunahme: 50,6 %),
— Bedeutendster Industriestandort im Westen der USA, viele Forschungsinstitute (Raketen-/Raumfahrt-/Elektronik-/Unterhaltungsindustrie),
— Pazifische Orientierung: Firmen aus Japan, Taiwan, Hongkong, Singapur ... haben ‚Brückenköpfe' in Kalifornien,
— hoher Anteil der Beschäftigten im Dienstleistungssektor; auf der Stufe zur ‚Nachindustriellen Gesellschaft';
— starkes Bevölkerungswachstum besonders der Minoritäten (20 % Lateinamerikaner, 7 % Schwarze, 6 % Asiaten Gesamtanteil an Bev.),
— 90 % der Bevölkerung lebt in Städten,
— höchstes Haushalts-Durchschnittseinkommen (18 200 Dollar/Jahr),
— höchster Bildungsstand: 2,8 Mio. = 20 % der Erwachsenenbevölkerung mit Hochschulabschluß,
— Nord-Süd-Ausdehnung 1600 km,
— Central-Valley ertragreichstes Agrargebiet der Erde mit aufwendigem Bewässerungssystem (¼ aller Agrarerzeugnisse der USA von hier),
— Raumprobleme: Wassermangel, Waldbrandgefahr, Erdbebengefahr, Smog,
— die drei Säulen es kalifornischen Wohlstandes: die *‚Agroindustrie'* dank staatl. Bewässerungswerke und modernster Agrartechnik, die *Rüstungsindustrie* dank der staatl. Aufträge (1983 Aufträge im Wert von 23 Mrd. Dollar an 7700 Firmen), die *Mikroelektronikindustrie* dank der Ideen und jungen Ingenieure aus den staatl. Universitäten.
— 1980 gab es hier bereits 492 000 Arbeitsplätze in der spitzentechnologischen Industrie, für 1990 rechnet man mit 726 000; 1983 gab es allein 200 Computer- und 400 elektronische Zubehörfirmen in diesem Raum,
— 1984 wurden hier ein Drittel aller weltweit vertriebenen elektronischen Mikroprozessoren und zwei Drittel aller Halbleiter (‚Chips') produziert.

Kennzeichen des Silicon Valley:
— Silicon Valley umfaßt 13 Städte innerhalb eines zwei Kilometer breiten und 30 Kilometer langen Korridors zwischen Palo Alto und San José. Hier leben 1,2 Mio. Einwohner, davon 660 000 in San José, der am schnellsten wachsenden Stadt in den USA.
— In Silicon Valley sind fast alle der 75 US-amerikanischen Halbleiterhersteller vertreten. Sie beschäftigen zusammen ca. 120 000 Arbeiter und Angestellte und kontrollieren 20 % des Weltmarktes, der bereits 1981 16 Mrd. Dollar umfaßte.
— Silicon Valley stellt ein extrem positives Beispiel für universitär initiierte Unternehmensgründungen dar. Andere ‚Forschungsparks' in den USA — es gibt inzwischen etwa 150 — sind weit weniger erfolgreich; 50 % werden als gescheitert angesehen.

2. Curriculare Stellung und Ziele der Unterrichtseinheit

In den Schulgeographiebüchern wird Kalifornien stets als ein intensiv genutzter, erdbebenbedrohter Bewässerungsraum behandelt. Los Angeles ist das typische Beispiel für Zersiedlung, extreme Massenmotorisierung und Luftverschmutzung. Der Komplex Wachstumsindustrie wird bestenfalls erwähnt (Raketen- und Raumfahrtindustrie). Glaubt man Prognosen, so werden die kalifornischen Verhältnisse die Industriestruktur der Zukunft prägen. Daher erscheint die Behandlung dieses Aspektes heute dringlich.
Der Themenkomplex der landwirtschaftlichen Inwertsetzung könnte zunächst behandelt werden und damit zugleich in Besiedlungsgang und physisch-geographische Grundlagen des Raumes einführen. Wer für eine ausgeprägte regionalgeographische Kontinuität der UE eintritt, hat hier die Möglichkeit, über die Inwertsetzung durch Landwirtschaft zum heute dominierenden Inwertsetzungsfaktor Wachstumsindustrie/Dienstleistungsbereich und ihren Grenzen überzuleiten.
Die Schüler sollen
— sich im Vergleich mit der Bundesrepublik Deutschland eine Vorstellung von der Raumgröße des Bundesstaates Kalifornien verschaffen,

Unterrichtsvorschläge

- anhand ausgewählter Indikatoren die Wirtschaftskraft Kaliforniens deutlich machen können,
- Kennzeichen von Mikroelektronik-Betrieben benennen können,
- Folgen von Mikroelektronik-Betrieben für die Gemeinden erkennen,
- die Bedeutung von Fühlungsvorteilen für die Standortwahl der Computerindustrie einschätzen können,
- Merkmale von Wachstumsindustrien am Beispiel der Mikroelektronikindustrie erläutern können,
- anhand ausgewählter Kennzeichen das Silicon Valley als Gunstraum charakterisieren können,
- neuerwachsende Agglomerationsnachteile Südkaliforniens erkennen und begründen können,
- Gründe für die Abwanderung von Firmen nach Arizona und Neu-Mexiko erläutern können.

3. *Methodische Hinweise*
Mögliche Tafelanschriebe

T1

Kennzeichen von Mikroelektronik-Betrieben und Folgen für die Gemeinden:
- geringer Raumbedarf der Betriebe, da „mikro'-Produkte,
- u. U. Parkplatz für Mitarbeiter ebenso groß wie Betrieb,
- Betriebe haben Laborcharakter, können auch in mehrstöckigen Gebäuden untergebracht werden,
- Lage in der Nähe von Forschungsinstituten, um wissenschaftlichen Austausch zu erleichtern,
- Lage in Gebiet mit hohem Freizeitwert (Zuzugsargument für Mitarbeiter und deren Familien),
- hohe Einkommen der Mitarbeiter ergeben hohen Lebensstandard,
- keine Umweltbelastung durch die Betriebe, daher von den Gemeinden umworben (heute Probleme),
- wertvolle Produkte bei wachsendem Umsatz ergeben wachsende Gemeindesteuern.

T2

Nachteile für die Bewohner/die Industriebetriebe des Ballungsraumes Südkaliforniens:
- hohe Grundstückspreise — hohe Mieten,
- Zersiedlung,
- Verkehrsstaus,
- Abgasbelastung — Smog,
- Unfälle, schleichende Umweltschäden
- Alkohol- und Drogenprobleme,
- Kriminalität,
- Leistungsdruck — Hektik — Streß,
- Isolation,
- hohe Lebenshaltungskosten.

T3

Gründe für Abwanderung von Firmen nach Arizona und Neu Mexiko:
- zu hohe Lebenshaltungskosten (Folge: Lohnkosten) für die Mitarbeiter,
- weite Wege zur Arbeitsstätte (Zeitverlust-Streß) in Kalifornien,
- überschaubare Strukturen (Städte), kürzere Wege, erschwingliche Grundstückspreise in Arizona und Neu Mexiko,
- ausreichende zentrale Einrichtungen,
- klimatischer Gunstraum wie Kalifornien („Sonnengürtel'),
- Transportkosten der Produkte niedrig,
- Firmenvergrößerung ohne Raumprobleme.

Schülerbegriffswissen aus der Unterrichtseinheit: Fühlungsvorteile, industrieller Gunstraum, Mikroelektronik, Nachindustrielle Gesellschaft, Sonnengürtel (sun-belt), Unternehmergeist, Wachstumsindustrie, Zuwanderung (Mikrochips)

4. *Verlaufsplanung*
1. Stunde: *Kalifornien — der US-Bundesstaat der Superlative*

Verlaufsstruktur	Medien	Lehrer-Schüler-Verhalten
1. Einstieg Lage Kaliforniens einordnen	USA-Wandkarte/ Atlas	L weist in den Raum ein, nennt Thematik der Unterrichtseinheit
2. Erarbeitung I Aufgaben lösen zur räumlichen Einordnung Kaliforniens	M 6.1 (Karte: Kalifornien im Kartenbild)	Aufg. 1: Ss messen-vergleichen Aufg. 2: Ss zählen-vergleichen Aufg. 3: Ss berechnen-vergleichen (ggf. arbeitsteilig, Partnerarbeit)
3. Ergebnissicherung I		Ss tragen ihre Ergebnisse vor
4. Erarbeitung II Kalifornien — US-Bundesstaat der Superlative. Der Mensch veränderte ihn gründlich...	M 6.2 M 6.3 Text und Atlas	Ss lesen Text vor Ss lösen Fragen 1—3 / Stillphase
5. Ergebnissicherung II Kennzeichen der ‚Man-Made'-Landschaft	Atlas M 6.3 (Text: Naturpotential Kalif.)	Ss tragen Ergebnisse vor S liest Ergebnistext M 6.3 vor
6. Hausaufgabe Statistik umsetzen (Los Angeles/Kalif. — Berlin Stadtregion)	M 6.1 Aufg. 4 (Karte: Kalifornien)	

Unterrichtsvorschläge

2. Stunde: *Mikroelektronikindustrie im Silicon-Valley*

Verlaufsstruktur	Medien	Lehrer-Schüler-Verhalten
1. *Wiederholungphase und Hausaufgabenbesprechung* (Flächenvergleich)	M 6.1—M 6.3	L-Fragen zu „Kalifornien — US-Staat der Superlative"
2. *Information* Silicon-Valley — Was ist daran außergewöhnlich?	M 6.4, Atlas (Standort Silicon Valley	Ss lesen, verorten; Begriffe klären im L-S-Gespräch
3. *Erarbeitung* Standortfaktoren/Standortgunstfaktoren	M 6.4, Aufg. M 6.5, Aufg. 1—4 (ggf. Raster mit Standortfaktoren vorgeben)	Hypothesen bilden, ggf. Strukturskizze erstellen L-S-Gespräch, zu Aufg. 2 und 3 ggf. Tafelbild erstellen: T1, Ss erkennen Gesetzmäßigkeiten
4. *Problematisierung* Jungunternehmer und Firmengründungen	M 6.7 und Aufg. 1 (Text: Jungunternehmer)	Text lesen — Hauptgedanken wiedergeben; Ss geben begründetes Urteil ab
5. *Brainstorming* „Wie aus Ideen Geld machen?"	M 6.7: Aufg. 2	Ideen entwickeln in Gruppenarbeit

3. Stunde: *Kalifornien und die Grenzen des Wachstums*

Verlaufsstruktur	Medien	Lehrer-Schüler-Verhalten
1. *Wiederholung:* — Gunstraum Silicon-Valley	M 6.6(t) (wird erst jetzt ausgeteilt), Text: Kennzeichen des Gunstraumes Silicon-Valley	Ss erläutern die Strukturskizze
— Brainstorming-Auswertung: „Wie aus Ideen Geld gemacht wird ...		Ss tragen ihre Ideen vor, zunächst ohne kritische Stellungnahme von L oder Ss
2. *Erarbeitung* Was ist „cottage-Industrie"?	M 6.8, Frage	Ss umschreiben die Fachworte des Textes
3. *Reflexion* Ist Kalifornien zukunftsweisend?	M 6.9, Frage (Text)	Ss setzen die erworbenen Kenntnisse zur Begründung ihres Urteils ein
4. *Information* Negative Auswirkungen des Wachstums für Kalifornien	M 6.10 und Atlas (Text: Der Preis des Wachstums)	Ss verwenden M 6.10 zur Begründung, sie entwickeln mit L das Tafelbild: T2 und T3
5. *(ggf.) Transfer* Wachstumsindustrie im Heimatort		L-S-Gespräch zu Schülerfragen, ggf. auf Nahraum und Wachstumsindustrie (und Berufschancen) eingehen.

D.7 Das Ruhrgebiet in der Krise — Hilfen oder Hemmnisse durch Regionalpolitik?

1. Regionalgeographische Sachanalyse

Als Ruhrgebiet (auch Ruhrkohlenrevier, Ruhrkohlenbezirk, Rheinisch-Westfälisches Industriegebiet, Revier, Kohlenpott oder Ruhrpott genannt) soll hier die Region bezeichnet werden, die sich im Kommunalverband Ruhrgebiet (KVR) zusammengeschlossen hat (vgl. M 7.9). Dieser bedeutende europäische Wirtschaftsraum mit ca. 5,4 Mio. Menschen ist in den letzten Jahrzehnten zunehmend in die Krise geraten. Die Bruttowertschöpfung als Indikator für die wirtschaftliche Leistungskraft (vgl. folgende Karte) liegt heute unter dem Bundesdurchschnitt, so daß die Spitzenstellung der frühen 60er Jahre verlorengegangen ist.

Die noch immer anhaltende Wachstumsschwäche des Ruhrgebietes wurde vor allem verursacht

— durch die in den 50er Jahren einsetzende Krise des Steinkohlenbergbaus und

— durch die Produktionsschwäche der wichtigsten Industriezweige (überdurchschnittlicher Anteil der Grundstoff- und Produktionsgüterindustrie; vgl. M 7.2).

Allein seit 1970 hat die hierzu gehörende Stahlindustrie in NRW rund 80 000 Beschäftigte entlassen müssen. Wegen der weltweiten Stahlabsatzkrise, aber auch wegen der europäischen Überkapazitäten und Wettbewerbsverzerrungen (vor allem durch Subventionen!) muß mit weiteren Einbußen gerechnet werden.

Zwar ist die übermächtige Dominanz des Bergbaus und der Grundstoffindustrie, die zusammen an der Ruhr bis zu 75 % der Industriebeschäftigten auf sich zogen, einer stärker investitionsgüterorientierten Industriestruktur gewichen (vgl. folgende Abb); zukunftsweisende, technologisch fortschrittliche Bereiche sind aber dennoch unterrepräsentiert (M 7.2 und M 7.3; *Der Ministerpräsident* 1983, S. 71).

Die Entwicklung der Montanindustrie und die besonderen Umwelt- und Siedlungsbedingungen (vgl. M 7.5 und

D Unterrichtsvorschläge

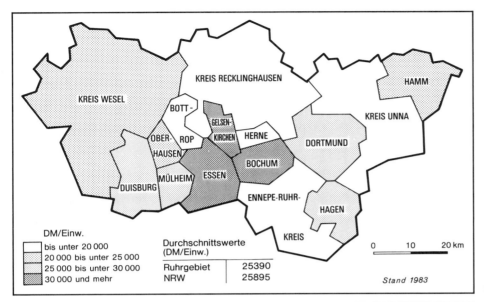

Bruttowertschöpfung im Ruhrgebiet

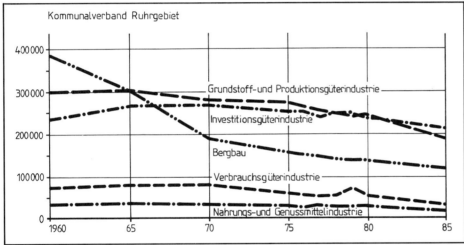

Industriebeschäftigte nach Industriehauptgruppen

M 7.6), die das Ergebnis eines außergewöhnlichen Ballungsprozesses seit der Mitte des vorigen Jahrhunderts darstellen, bilden auch nach Auffassung der nordrhein-westfälischen Landesregierung (*Landesregierung* 1979, S. 9) die Hauptursachen für die Probleme des Ruhrgebiets. Sie treten besonders deutlich hervor

— in der weit überdurchschnittlichen Arbeitslosigkeit (M 7.10), die allein von 1976—1981 um 51 % angestiegen ist (Bundesdurchschnitt nur 38,5 %),

— in der Umweltbelastung und den damit verbundenen Kostenbelastungen für die Industrie (M 7.5),

— in der unterschiedlichen Investitionsbereitschaft und -fähigkeit der Industriebetriebe, so daß staatliche Förderprogramme eine Stärkung der Investitionskraft anbieten (M 7.7 und M 7.8; *Landesregierung* 1979, S. 53 ff; *Klemmer* 1982 a),

— in den Hemmnissen durch die räumliche Verflechtung der Funktionen Wohnen und Arbeiten, so daß planerische Eingriffe (z. B. ‚Abstandserlaß', vgl. M 7.6) notwendig werden, die ihrerseits das Finden geeigneter Grundstücke für Industriebetriebe erschweren.

Bei der Kernfrage der UE, inwieweit staatliche Stellen eher helfend oder hemmend in den krisenhaft zugespitzten Wandlungsprozeß eingreifen, müssen drei Aspekte betrachtet werden (KVR 1982, S. 13 ff.):

— Struktureller Wandel ist zunächst das Ergebnis von Verschiebungen in der *Nachfrage* (M 7.3). Der Staat verhält sich hier wie die anderen Kunden des In- und Auslandes, er fordert eine höhere technologische Qualität der Industrieprodukte.

— Als Antwort darauf hätte die Ruhrindustrie hohe Investitionen tätigen müssen, um ihr *Angebot* durch die Entwicklung neuer Produkte an die veränderten Marktbedingungen anzupassen. Seit 1976 hat die Bereitschaft dazu deutlich abgenommen. Investitionen der Ruhrindustrie flossen überdurchschnittlich ins Ausland oder in Regionen, in denen der Staat mit Mitteln der ‚Gemeinschaftsaufgabe Verbesserung der regionalen Wirtschaftsstruktur' (vgl. M 7.7) unterstützte, also zum Nachteil des Ruhrgebietes weitgehend nach außerhalb.

— Insgesamt betrachtet, sind die im Ruhrgebiet dominierenden Branchen von den Maßnahmen staat-

Unterrichtsvorschläge

licher Politik eher belastet worden, d. h. die die Rentabilität belastenden Maßnahmen wie die Umweltschutzgesetzgebung oder hemmende Einflüsse der Raumordnungs- und Städtebaupolitik überwiegen in der Summe die entlastenden Maßnahmen, wie z. B. die Forschungs- und Entwicklungspolitik oder die Wirtschaftsförderung. Im industriellen Durchschnitt der Bundesrepublik hatten politische Maßnahmen einen entlastenden Effekt (KVR 1982, S. 22), so daß das Ruhrgebiet auch in dieser Hinsicht vergleichsweise benachteiligt worden ist.

2. Stundenziele

Die Schüler sollen:

— Einflüsse und Auswirkungen staatlicher Maßnahmen auf Industriestruktur, Wirtschaft, Raumgestaltung und -gefährdung eines industriellen Ballungsraumes erkennen,

— Indikatoren und Methoden zur Bewertung von industriellen Strukturmerkmalen kennenlernen und dabei Einsicht in die aktuellen Industriestrukturprobleme des Ruhrgebiets gewinnen,

— Entstehung bzw. Verschärfung regionaler Disparitäten innerhalb des Ruhrgebiets, besonders aber gegenüber dem Wirtschaftsraum der gesamten Bundesrepublik verstehen, soweit diese durch Leistungen oder Standortentscheidungen der Industrie beeinflußt werden.

Im einzelnen sollen sie:

— wirtschaftspolitische Entscheidungen staatlicher Stellen in ihrer Auswirkung auf die Ruhrgebietsindustrie bewerten,
— Umweltschutzauflagen als ökologisch notwendig, aber ökonomisch u. U. belastende Faktoren erkennen,
— Maßnahmen der Raumordnungs- und Städtebaupolitik und ihre Folgen für die Industriestruktur und Raumgestaltung des Reviers kennenlernen,
— Instrumente, Umfang und Bedeutung staatlicher Wirtschaftsförderung für Industrie und Raumstruktur im Vergleich zur übrigen BR Deutschland kennenlernen und bewerten.

3. Verlaufsplanung

1. Unterrichtsphase (ca. 2—3 Std.): *Ergebnisse der Strukturanalyse — Umfang, Ursachen und Folgen der Krise*

Verlaufsstruktur	Medien	Lehrer-Schüler-Verhalten
1. Einstieg 1. Wiederholung aus Kl. 7/8: Entwicklung und langfristiger Strukturwandel eines Industriegebietes oder/und	Atlas, Schulbücher der Kl. 7/8	Ss äußern Vorwissen Ss wiederholen Einsichten aus Kl. 7/8 Ss erneuern topographisches Orientierungswissen
2. Auswertung von 2 Presseartikeln	M 7.1 ‚Die Presse berichtet über die Krise der Industrie im Ruhrgebiet'	Ss erarbeiten aktuelle Strukturprobleme des Ruhrgebietes anhand von Presseartikeln (in Gruppenarbeit) Ss klären mit Lehrerhilfe ‚Zeitungsdeutsch' Ss vergleichen und diskutieren die Gruppenergebnisse (Tafelprotokoll)
2. Erarbeitung Umfang und Ursachen der Industrieprobleme (nach KVR-Gutachten ‚Strukturanalyse') 1. Wachsende Arbeitslosigkeit — einseitige Wirtschaftsstruktur (1. Gruppe)	M 7.2 ‚Wachsende Arbeitslosigkeit — einseitige Wirtschaftsstruktur'	Ss vertiefen und bewerten (in 2 Gruppen) Ursachen der aktuellen Wirtschaftsprobleme Ss tragen Ergebnisse der Gruppenarbeit vor Ss formulieren ein gemeinsames Gesamtergebnis
2. Fehlende Anpassung der Ruhrgebietsindustrie an die ‚Nachfrageveränderung' (2. Gruppe)	M 7.3 ‚Was bedeutet Nachfrageveränderung nach Industrieproduktion für das Ruhrgebiet'	

2. Unterrichtsphase (ca. 3—5 Std.): *Auswirkungen politischer, sozialer und ökologischer Rahmenbedingungen und Einflüsse auf das Ruhrgebiet und seine Industrien*

Verlaufsstruktur	Medien	Lehrer-Schüler-Verhalten
1. Einstieg Welche Möglichkeiten haben der Staat und seine Einrichtungen ganz allgemein, wenn sie Einfluß auf die Industrie einer Region (oder auf einzelne Betriebe) nehmen wollen? (z. B. Subventionen, Steuern, Gebühren, Gesetze, Umweltauflagen, Infrastrukturpolitik, Boden- und Städtebaupolitik, Bildungspolitik)		Brainstorming Ss äußern Vorwissen (Tafel) Ss nennen Beispiele aus anderen Bereichen über staatliche Einwirkungen auf Landwirtschaft, Industrie oder Infrastruktur
2. Erarbeitung — Beispiele staatlicher Maßnahmen und ihre Folgen für das Ruhrgebiet: a) Einkäufe staatlicher Stellen b) Hilfen durch staatliche Forschungs- und Entwicklungspolitik?	M 7.4 ‚Beispiele staatlicher Maßnahmen und ihre Folgen für das Ruhrgebiet'	Ss werten Texte aus und lösen Aufgaben

D | Unterrichtsvorschläge

Verlaufsstruktur	Medien	Lehrer-Schüler-Verhalten
— Umweltschutz: dringende Aufgabe — Gefährdung von Industriestandorten?	Atlas (z. B. Diercke S. 44)	Ss klären (wiederholen) besondere Umweltbelastung des Ruhrgebiets (z. B. Luft, Wasser, Lärm) Ss nennen Hauptverursacher; Industrie, Verkehr, Energiegewinnung, hohe Bevölkerungsdichte Ss bearbeiten Text, Zahlen und Aufgaben
— Der ‚Abstandserlaß' und seine Folgen	M 7.5 ‚Umweltschutz im Ruhrgebiet'; Atlas (z. B. Diercke S. 44)	Ss erkennen die historisch gewachsene Vermischung von Wohnen und Arbeiten am Beispiel der Stadt Dortmund (Diskussion der Folgen)
	M 7.6 ‚Probleme für die Ruhrindustrie aus der Raumordnungs- und Städtebaupolitik'	Ss erkennen die Folgen des Abstandserlasses (Text und Aufgaben bearbeiten) Ss lernen Lösungsmöglichkeiten zur Beseitigung von Flächenengpässen für eine Ansiedlung moderner Industriebetriebe kennen
— Regionale Wirtschaftsförderung des Staates — Hilfe oder Benachteiligung für das Ruhrgebiet?	M 7.7 ‚Staatl. Wirtschaftsförderung in der BR Deutschland'	Ss vergleichen anhand der Abb. in M 7.7 die Förderung im Ruhrgebiet mit der im gesamten Bundesgebiet Ss lesen dazu M 7.7 (und Aufgaben)
	M 7.8 und M 7.9 ‚Staatl. Wirtschaftsförderung im Ruhrgebiet'; Atlas	Ss stellen anhand von M 7.7, M. 7.8 und M 7.9 Träger, Umfang und regionale Verteilung der Förderung fest
	Umdrucke von M 7.10 verteilen: ‚Arbeitslosigkeit im Ruhrgebiet'	Ss verarbeiten Arbeitslosigkeit als Indikator für wirtschaftliche Probleme
3. Zusammenfassung — Gründe für geringe Investitionen — Möglichkeiten zur Überwindung der Probleme	M 7.8 (Aufg. 5)	Ss schreiben Gründe für zu geringe Investitionstätigkeit (Struktur und Konjunktur!) unter nochmaliger Auswertung des Arbeitsmaterials in eine Tabelle Zusatz: Ss schreiben Möglichkeiten zur Überwindung der wirtschaftlichen Probleme auf

D.8 Industrialisierungsprobleme und -strategien in Entwicklungsländern: Beispiel Malaysia

1. Regionalgeographische Sachanalyse

Bis zur Unabhängigkeit des Malayischen Bundes 1957 (1965 Ausgliederung Singapurs als selbständiger Staat) hatte das heutige Malaysia als englische Kolonie die Funktion eines Rohstoffergänzungsraumes (*Rostock* 1977). Der geringe Industriebesatz basierte auf der Verarbeitung entweder von agrarischen Produkten (wie zum Beispiel Kautschuk) oder von Rohstoffen (wie Zinn). Diese Rückständigkeit des Industriesektors änderte sich nach der Unabängigkeit. Staatliche Hilfen und eine industriefreundliche Investitionspolitik führten zu einem Ausbau der Industrie mit importsubstituierendem Charakter an ausgewählten Standorten der Westküste (besonders Raum Kuala Lumpur).

Basierte die Industrialisierung bis 1971 vornehmlich auf privater Initiative, so griff der Staat nunmehr im Rahmen der ‚NEW ECONOMIC POLICY (NEP)' verstärkt ein.

Die modifizierte staatliche Industriepolitik verfolgte vor allem folgende Ziele:
— Bei der Auswahl der Industrieprodukte müssen Arbeitsplatzbeschaffung sowie die Aspekte der sozialen und politischen Harmonie (angemessene Beteiligung der verschiedenen ethnischen Gruppen) im Vordergrund stehen.
— Die Regierung ergreift direkte Initiativen bei der Industrialisierung durch Gründung von Staatsbetrieben oder ‚Joint Ventures' (gemeinsame Unternehmen mit dem privaten Sektor).
— Neben dem Wachstumsziel wird verstärkt das Ausgleichsziel verfolgt, d. h. Industrieansiedlung auf dem Lande sowie in wirtschaftlich unterentwickelten Regionen wird verstärkt gefördert. Die nachhaltigen wirtschaftlichen Erfolge dieser Industrialisierungspolitik des heutigen ‚Schwellenlandes' zeigen sich in einer Erhöhung der durchschnittlichen realen Wachstumsraten des BIP von 6 % pro Jahr auf 7,8 % in den 70er Jahren und immerhin noch 5,5 % in der Zeit zwischen 1980 und 1985. Bei einem Pro-Kopf-Einkommen von 2000 US-$ (1985) wird Malaysia nach der Weltbank-Klassifikation als ‚Land mit mittlerem Einkommen' eingestuft (Weltbank: Weltentwicklungsbericht 1987).

Grundlage dafür waren weiterhin die konsequente wirtschaftliche Nutzung der reichlich vorhandenen natürlichen Ressourcen durch den exportorientierten Primärsektor (Rohöl, Kautschuk, Zinn, Holz, Palmöl; vgl. M 8.2) sowie in steigendem Maße die Verarbeitende Industrie (vgl. u. a. M 8.2, M 8.4, M 8.7). Die erfolgreiche Förderung ausländischer Investitionen (Lohnniveau in Malaysia für Industriearbeiter 1980: 4,50 bis 7,— DM pro Tag), der Import moderner Technologie, eine vergleichsweise geringe durchschnittliche Preissteigerungsrate von 5,8 % (1971—1979) und die Schaffung effektiver staatlicher Rahmenbedingungen im Bildungs- und Ausbildungsbereich schufen neben einer bewußten Intensi-

Unterrichtsvorschläge

vierung der Verflechtungsbeziehungen mit marktwirtschaftlichen Industrieländern die Basis für die erfolgreiche wirtschaftliche Entwicklung.

Wie für Entwicklungsländer typisch, bestehen in Malaysia tiefgreifende regionale Disparitäten in den verschiedenen Bereichen. Sie abzuschwächen ist das erklärte Ziel der Industrialisierungspolitik.

Nachfolgend werden fünf ausgewählte Indikatoren zur Bewertung der regionalen Disparitäten vorgestellt:

— *Bevölkerungsverteilung* (M 8.9): Mit 42% der Gesamteinwohner lebt nahezu die Hälfte der Bevölkerung in den vier Westküstenstaten West-Malaysias (Penang, Perak, Selangor und Negri Sembilan = 50,6% von West-Malaysia).

— *BIP/Kopf* (M 8.8): die regionalen Einkommensdisparitäten liegen vergleichsweise sehr hoch, so daß Selangor als der Staat mit dem höchsten Pro-Kopf-Einkommen einen mehr als 3½mal so hohen Wert aufweist wie Kelantan als der ärmste.

— *Anteile der Haushalte unterhalb der Armutsgrenze* (M 8.8): Trotz des großen wirtschaftlichen Aufschwungs lebten 1980 noch mehr als 50% der Haushalte unterhalb der Armutsgrenze. Das Verhältnis zwischen dem höchsten Wert (Nordstaaten, hoher malaiischer Bevölkerungsanteil!) und dem niedrigsten (Selangor) liegt fast 4:1.

— *Arbeitslosigkeit:* 1980 betrug die Arbeitslosenquote 5,3% (Jugendliche zwischen 15—19 Jahren: 16,3%). Sie stieg 1985 auf 7,6%. Daneben konzentrierte sich das Problem der Unterbeschäftigung vor allem auf die ländlichen Gebiete, wo fast 80% aller malaysischen Unterbeschäftigten wohnten.

— Die Chance auf einen zukunftsweisenden *industriellen Arbeitsplatz* besteht vor allem in Selangor (vgl. M 8.10), das zusammen mit Pahang Hauptzielgebiet der interregionalen Wanderungen darstellt.

Der 4. Malaysia-Plan 1981/85 (FNP) nennt folgende Hauptziele:

— Die noch bestehende Armut soll reduziert und schließlich ausgerottet werden, und zwar vor allem durch die Schaffung von Arbeitsplätzen „für alle Malaysier, unabhängig von ihrer Rasse".

— Beschleunigte Umstrukturierung in der Weise, daß die „Identifizierung von Rasse und ökonomischen Funktionen" nach und nach eleminiert wird (vgl. M 8.9, M. 8.11, M. 8.12).

— Geplanter jährlicher Durchschnittszuwachs 1981/90 des BIP insgesamt: 8% (Industrie: 10,9%). Während die Werte der vorangegangenen Pläne jeweils übertroffen werden konnten, ließen sich die Planungen des FMP wegen weltwirtschaftlicher Probleme nicht voll realisieren (1980—85: ‚nur' 5,5%).

— Die staatliche Industrialisierungsstrategie brachte eine Abkehr von dem alleinigen Ziel der Importsubstitution und verstärkte die exportorientierte Industrialisierung, die besonders auf arbeitsintensive und zugleich hochwertige Produktion ausgerichtet sein sollte.

— Der Wunsch nach einer räumlichen Dezentralisierung der Industriestruktur in Verbindung mit den vorgenannten Zielen wird durch zahlreiche staatliche Fördermaßnahmen unterstützt (vgl. Malaysia — Your Profit Centre in Asia 1982):

— Einrichtung von ‚Industrial Estates' (Industrieparks) und ‚Free Trade Zones'
— Gewährung von Steuervorteilen, Zollbefreiungen und zahlreichen Subventionen
— Schaffung von staatlichen Institutionen zur Industrieförderung mit Außenstellen in wichtigen Industrienationen (z. B. *MIDA*: Malaysian Industrial Development Authority, mit Büro in Köln).

Wertende Zusammenfassung: Während das Wachstumsziel für ein Schwellenland u. a. durch Erfolge in der Industrialisierung in ausreichendem Maße erreicht worden ist, bleibt die Aufgabe der Verringerung regionaler, sozialer und ethnischer Disparitäten unvermindert bestehen, da Erfolge hier noch geringer ausgefallen sind. Die Probleme einer weltweiten Konjunkturflaute, sinkende Nachfrage nach Rohstoffen und Industrieprodukten, ein rapider Verfall der Rohstoffpreise, geringere Investitionsneigungen in- und ausländischer Industriebetriebe und hohe Zinsen treffen das Schwellenland Malaysia so stark, daß bereits von einem ‚Wirtschaftswunderland mit welken Blüten' gesprochen wird (*Krugmann-Randolf* 1982, S. 15). Gefahr droht der wirtschaftlichen Entwicklung auch noch von den zunehmend stärker werdenden Einflüssen der traditionellen islamischen Fundamentalisten (iranisches Beispiel), die unter anderem auch eine ausgeprägte industriefeindliche Grundeinstellung besitzen.

2. Stundenziele

Die Schüler sollen:
— die Bedeutung der Industrie für Malaysia auch durch internationale Vergleiche erkennen, die Industriestruktur bewerten und die Entwicklung verstehen;
— regionale Disparitäten in Malaysia (Schwerpunkt: West-Malaysia) anhand ausgewählter Indikatoren erarbeiten und dabei besonders die Bedeutung der Industrie kennenlernen. Sie sollen die unterschiedlichen Einflüsse der ethnischen Gruppen als Konfliktpotential und als eine Ursache für die neue Industrialisierungspolitik im Rahmen der regionalpolitischen Aktivitäten begreifen;
— Ziele und Maßnahmen malaysischer Regionalpolitik erfahren, soweit diese sich auf Aufbau, Erweiterung und Dezentralisierung der Industrie beziehen; eigene Lösungsansätze diskutieren und vorgegebene regionalpolitische Industrialisierungsstrategien beurteilen lernen;
— sich im Umgang mit geographischem Arbeitsmaterial üben und selbst Foliensätze herstellen.

D Unterrichtsvorschläge

3. Verlaufsplanung

1. Unterrichtsphase (ca. 1—2 Std.): *Industriestruktur Malaysias: internationaler Vergleich und aktueller Stand*

Verlaufsstruktur	Medien	Lehrer-Schüler-Verhalten
1. *Einstieg* Das ‚Schwellenland' Malaysia, ein ‚Industriestaat'?	M 8.1 ‚Wichtige Industrie-Entwicklungsmerkmale Malaysias im Vergleich mit ausgewählten Entwicklungsländern und der BR Deutschland' Ergänzung: weitere Staaten und Industrieindikatoren in den jährlich erscheinenden Weltentwicklungsberichten (Hrsg.: Weltbank)	Tabelle auswerten: — Dynamik und aktuellen Stand der industriellen Wertschöpfung im Vergleich bewerten; — Bedeutung des wichtigen Verarbeitenden Gewerbes erkennen; — Industriestaaten mit Bevölkerungszahlen in Beziehung setzen (rechnen);
2. *Erarbeitung* Bedeutung der Industrie Malaysias im Hinblick auf: — Exportstruktur — Importstruktur — Sektoralstruktur	 M 8.2 ‚Exporte wichtiger Güter aus Malaysia 1975 und 1986' M 8.3 ‚Importe' M 8.4 ‚Struktur der Wirtschaftsbereiche (Sektoren) in Malaysia'	Gruppenarbeit: Tabellen auswerten und vergleichen, Aufgaben lösen, Ergebnisse zusammenfassen und vortragen
3. *Hausaufgabe* Anhand geeigneter Atlaskarten feststellen, welche naturgeographischen Faktoren (Klima, Bodenschätze usw.) die industrielle Produktion beeinflussen		

2. Unterrichtsphase (ca. 3—4 Stunden):
Problem: Regionale Disparitäten:
— in wirtschaftlicher Hinsicht (bes. im Hinblick auf Industrie)
— in bezug auf ethnische Gruppen (Verteilung und Anteil am ‚Wohlstand')

Verlaufsstruktur	Medien	Lehrer-Schüler-Verhalten
1. *Einstieg* Vergleichende Analyse von 2 Dias 2. *Hypothesenbildung* zum Problem der regionalen Disparitäten 3. *Überprüfung der Disparitäten* — Industrieverteilung — Anteile der Haushalte unterhalb der Armutsgrenze — Pro-Kopf-Einkommen — Bevölkerung und ethnische Gruppen 4. *Hausaufgabe* Tabelle M 8.10 auswerten: — Bedeutung der verschiedenen Wirtschaftssektoren für die unterschiedlichen Staaten Malaysias — Vergleiche jeweils mit dem Bevölkerungsanteil	M 8.5(t) ‚Moderne Industrie-Arbeitsplätze' M 8.6(t) ‚Kautschukgewinnung durch Smallholder' Atlas M 8.7 ‚Verteilung der Verarbeitenden Industrie in den Bundesstaaten West-Malaysias 1981 — nach Branchen' M 8.8 ‚Verteilung von Armut und Pro-Kopf-Einkommen in West-Malaysia' M 8.9 ‚Bevölkerung und Volksgruppen' M 8.10 ‚Anteile der Wirtschaftssektoren der Einzelstaaten am BIP'	Ss vergleichen: Qualität der Arbeitsplätze, Beteiligung der ethnischen Gruppen Ergebnisse der Hausaufgabe und Informationen aus vorangegangener Gruppenarbeit und aus Atlasarbeit erlauben Hypothesenbildung und lassen evtl. Fragen nach personellen und räumlichen Ungleichheiten entstehen Gruppenarbeit: — Tabellen und Karten auswerten, Aufgaben bearbeiten — Ergebnisse der Klasse vortragen *alternativ:* M 8.7—8.10 auf DIN-A-4 umzeichnen, so daß Foliensatz für Zusammenschau entsteht (evtl. in Auswahl zusammenkopieren für die Erdkundemappe) Aufgabe 1 ggf. als Hausaufgabe in Gruppen (jeweils nur Teilaufgabe, wird im Unterricht zusammengetragen) Als Zusammenfassung und Festigung: Hausaufgabe mündlich, schriftlich oder zeichnerisch bearbeiten

3. Unterrichtsphase (ca. 2—3 Std.): *Ziele und Maßnahmen malaysischer Regionalpolitik; Schwerpunkt: Industrialisierungspolitik*

Verlaufsstruktur	Medien	Lehrer-Schüler-Verhalten
1. *Einstieg* — Ziele der malaysischen Regierung aus dem Originaltext des ‚Fourth Malaysia Plan 1981—1985' herausarbeiten	M 8.11 ‚Auszug aus: Fourth Malaysia Plan 1981—1985'	Text übersetzen, Ziele identifizieren, Vergleich mit vorher erkannten Problemen (M 8.7—M 8.10) durchführen

Unterrichtsvorschläge

Verlaufsstruktur	Medien	Lehrer-Schüler-Verhalten
— Alternative: Ziele der malaysischen Regierung aus Zusammenhang M 8.12 herausarbeiten	M 8.12 ‚Die New Economic Policy (NEP) 1971—1990' mit Aufgaben	Ziele identifizieren, Vergleich mit vorher erkannten Problemen (M 8.7—M 8.10) durchführen
2. Erarbeitung — Fördermaßnahmen der malaysischen Regierung zur Förderung industrieller Investitionen	M 8.13 ‚Maßnahmen der malaysischen Regierung zur Förderung industrieller Investitionen' mit Aufgaben	Grupenarbeit: Maßnahmen kennenlernen, bewerten und in Gruppen diskutieren
— Regionalpolitische Strategien unter besonderer Berücksichtigung der Industrie: ● Regionale Wachstumszentren ● Achsenkonzeption ● Mittlere Zentren-Politik	M 8.14 ‚Regionale Entwicklungskonzepte (Strategien) für West-Malaysia'	
3. Diskussion		Gruppen tragen ihre Ergebnisse vor; Diskussionen und vergleichende Zusammenschau; Diskussionsprotokolle anfertigen
4. Ergebnissicherung als Hausaufgabe oder gemeinsam als Tabelle erarbeiten (Tafel oder Overhead-Projektor)	Diskussionsprotokolle	Tabelle anfertigen: regionalpolitische Maßnahmen, angestrebte Ziele, Bewertung (Chancen)

D.9 Industrie und Regionalpolitik in der EG

1. Regionalgeographische Sachanalyse

Neben dem Vertragswerk zur Europäischen Gemeinschaft für Kohle und Stahl (EGKS oder Montanunion 1952) führten insbesondere die Gründung der Europäischen Wirtschaftsgemeinschaft (EWG) und der Europäischen Atomgemeinschaft (Euratom) im Jahre 1957 (‚Römische Verträge') zur angestrebten stufenweisen Integration der westeuropäischen Staaten.

Die wichtigsten Elemente der Verträge waren:
— Schaffung einer Zollunion mit einem gemeinsamen Außentarif gegenüber Drittländern,
— Errichtung eines ‚Gemeinsamen Marktes' mit freiem Waren-, Dienstleistungs-, Personen- und Kapitalverkehr sowie einer Niederlassungsfreiheit für Personen und Firmen,
— Bildung eines ‚Gemeinsamen Agrarmarktes',
— Konstituierung politischer Organe zur Durchführung und Lenkung der im EWG-Vertrag vereinbarten Politik.

Die für die Industrie wichtigen ersten beiden Ziele sind nach dem Beitritt von Großbritannien, Irland und Dänemark (1967) bis 1968 im Grundsatz verwirklicht worden. Zahlreiche Assoziierungsabkommen mit weiteren Ländern haben sehr unterschiedliche Vergünstigungen für diese Drittländer gebracht. Die Gründe für störende Grenzkontrollen an den EG-Grenzen liegen in noch immer vorhandenen Unterschieden in der Besteuerung von Waren, in veterinär-medizinischen Vorschriften sowie in Sicherheits- und Umweltschutzbestimmungen, an deren Beseitigung seit Jahren gearbeitet wird.

Für die Industrien der Mitgliedsländer haben die Binnenveränderungen einerseits eine beträchtliche Vergrößerung des Marktes (vgl. M 9.6 und M 9.7), andererseits aber auch einen zunehmenden Konkurrenzdruck gebracht. Die vielseitig ausgeprägte, sehr stark spezialisierte Industriewirtschaft vieler EG-Staaten hat zu einem hohen Verflechtungsgrad (Export, Import, Kapital etc.) geführt. Die sechs größten Mitgliedsstaaten gehören zu den zehn größten Welthandelsländern.

Bei der Betrachtung der Grundlagen der industriellen Entwicklung in diesem Raum ist eine dichte, vielseitige und effektive Verkehrsinfrastruktur besonders positiv hervorzuheben. Anders sieht es bei der Rohstoffsituation aus. Zwar haben reichhaltige Steinkohlevorkommen die Grundlage für die frühe Industrialisierung gebildet; in der Gegenwart ist das Rohstoffpotential der EG-Staaten jedoch ‚eher negativ zu bewerten' (*Voppel* 1980, S. 12, vgl. nachfolgende Tabelle).

Rohstoffpotential und -verarbeitung in den Staaten der Europäischen Gemeinschaften 1977/78 (in Prozent); Quellen: Jahrbuch für Bergbau, Energie, Mineralöl und Chemie 1979/80. — Essen; Statistisches Jahrbuch für die Bundesrepublik Deutschland 1979 (Quelle: *Voppel* (1980, S. 12))

	Rohstoffreserven			Gewinnung (G) und Verarbeitung (V) von Rohstoffen									
	Steinkohle[1]	Erdöl[2]	Eisenerz[5]	Steinkohle G	Erdöl G	Erdöl V	Eisenerz G	Eisenerz V[3]	Bauxit G	Bauxit V[4]	Blei G	Blei V	Zink G	Zink V
EG	5,5	2,7	5	9,0	2,0	17,8	2,6	18,6	2,4	12,2	3,7	23,5	5,4	16,1
USA	15,3	4,4	19,8	21,8	15,9	28,9	11,0	17,7	2,4	29,0	14,7	18,0	6,3	6,9
Japan	0,1	0,01	.	0,7	.	8,6	0,1	14,3	.	8,4	1,6	5,3	4,2	13,1
Sowjetunion	51,3	11,1	4,0	21,2	18,7	13,6	28,8	21,2	7,9	15,5	16,7	14,9	16,0	17,1
übrige Staaten	27,8	81,8	71,2	47,3	63,4	31,1	57,5	28,2	87,3	34,9	63,3	38,3	68,1	46,8
Erde insgesamt	100,0	100,0	100,0	100,0	100,0	100,0	100,0	100,0	100,0	100,0	100,0	100,0	100,0	100,0

[1] Geologische Vorräte [2] Wirtschaftlich gewinnbare Vorräte [3] Rohstahlerzeugung
[4] Hüttenaluminium [5] teilweise geschätzt

Unterrichtsvorschläge

Aus dieser Sicht und wegen der erheblichen Nachteile im Bereich der Lohn- und Lohnnebenkosten ist die Konkurrenz durch Entwicklungs- und Schwellenländer, aber auch durch Staaten aus dem RGW-Bereich in einigen Branchen (z. B. Textil, Eisen und Stahl) so stark geworden, daß ganze Industrieregionen betroffen sind und ein beträchtlicher Strukturwandel begonnen hat (z. B. in Lothringen, im Saargebiet).

Die Industriestruktur der wichtigsten EG-Staaten ist ähnlich (vgl. nachfolgende Tabelle). Der Zwang der Veredelung (zur Produktion sog. ‚intelligenter Produkte') führte zu einer starken Stellung der Investitions- und Verbrauchsgüterindustrien, wobei die Bedeutung der Kraftfahrzeugindustrie, des Maschinenbaus, der Elektrotechnik und der Chemie besonders hervorzuheben sind.

Verteilung der Wertschöpfung in der Fertigwarenindustrie wichtiger Industriestaaten der EG 1984 (in % und Preisen von 1980):

Staat	Nahrungsmittel und Landwirtschaft	Textil und Bekleidung	Maschinenbau, Elektrotechnik, Fahrzeuge	Chemische Erzeugnisse	Sonstige Fertigwaren
BR Deutschland	10	5	41	9	34
Frankreich	17	7	35	9	32
Italien	11	18	25	8	38
Niederlande	19	4	28	13	37
Belgien	19	9	24	12	35
Ver. Königreich	13	7	33	11	36
Dänemark	22	6	23	8	40
Spanien	13	15	20	8	44

Quelle: Weltentwicklungsbericht 1987, S. 239

Die demographischen, siedlungsstrukturellen, sozialen und besonders auch die wirtschaftlichen Disparitäten zwischen den Staaten bzw. den Regionen der EG haben ein Ausmaß erreicht (M 9.1—9.4), daß die in der Präambel der ‚Römischen Verträge' geforderte ‚Verringerung der Abstände' zwischen ‚armen' und ‚reichen' Regionen kaum kurzfristig zu realisieren ist. Dennoch sind große Anstrengungen zum Abbau der Ungleichgewichte nötig, um den Bestand der EG nicht zu gefährden und ein weiteres politisches Zusammenwachsen eventuell doch noch zu ermöglichen.

Als Hilfe auch für die Industrie bzw. die Industrieregionen hat die EG u. a. die folgenden Fonds als Finanzierungsinstrumente eingerichtet:
— Europäische Investitionsbank (EIB),
— Europäische Gemeinschaft für Kohle und Stahl (EGKS),
— Europäischer Sozialfond (ESF),
— Europäischer Fond für regionale Entwicklung (‚Regionalfond' oder EFRE).

Ziele und Umfang der jeweiligen Förderung sind der kostenlosen Broschüre ‚Darlehen und Beihilfen der Europäischen Gemeinschaft' (Hrsg.: Kommission der Europäischen Gemeinschaften; Bezugsquelle: Bundesanzeiger, Breite Straße, 5000 Köln 1) zu entnehmen.

Die vorliegende Unterrichtseinheit hat exemplarisch den 1975 eingerichteten Regionalfond ausgewählt, dessen Ziel es ist, „die wichtigsten regionalen Ungleichgewichte in der Gemeinschaft zu korrigieren, die insbesondere auf eine vorwiegend landwirtschaftliche Struktur, *industrielle* Wandlungen und strukturbedingte Unterbeschäftigung zurückzuführen sind" (*Komm. der EG,* 1980).

Seit 1979 erfolgte die Aufteilung der Mittel (von 1975 bis 1984: 26,1 Mrd. DM) in zwei Abteilungen: Die *quotengebundene Abteilung* der Gemeinschaft, die über 95 % der Fondmittel verfügt, unterstützt die regionalpolitischen Maßnahmen der Mitgliedstaaten nach Länderquoten (vgl. M 9.8), wobei der tatsächliche Bedarf berücksichtigt werden konnte. Neu war die *quotenfreie Abteilung,* die eine Abkehr vom ‚Gießkannenprinzip' und vom Nationalitätenproporz anstrebte. Hier ging es nicht um große Investitionen, sondern um Unterstützung kleiner und mittlerer Unternehmen, z. B. für die Aufgaben Marktforschung, Entwicklung neuer Produkte oder Ausbildung im Management.

Die erneute Änderung seit 1985 soll die zunehmenden Probleme infolge der industriellen Umstrukturierung berücksichtigen. Die Quoten wurden durch ein Spannensystem ersetzt, wobei die Mittel, die den einzelnen Mitgliedsstaaten über einen Zeitraum von drei Jahren zugeteilt werden, zwischen gewissen Unter- und Obergrenzen liegen.

2. Stundenziele

Die Schüler sollen:
— die Bedeutung der Industrie als Arbeitgeber in den EG-Regionen anhand geeigneter Indikatoren darstellen können,
— die Bedeutung der Industrie für die Wirtschaftskraft von EG-Regionen (und Staaten) anhand geeigneter Indikatoren darstellen können,
— den Einfluß von Gunst- und Ungunstfaktoren für die Standorte der Industrie erkennen,
— Ziele der EG für den Warenaustausch kennen und die tatsächliche Situation bewerten,
— regionale Disparitäten in der EG anhand von Indikatoren erkennen und den Abbau als zentrales Ziel bewerten,
— Ziele und politische Auswirkungen des Regionalfonds allgemein und an regionalen Beispielen benennen können.

| Unterrichtsvorschläge | | |

3. Verlaufsplanung

1. Unterrichtsphase (ca. 2—3 Std.): *Bedeutung der Industrie in den EG-Staaten*

Verlaufsstruktur	Medien	Lehrer-Schüler-Verhalten
1. Einstieg Kartenanalyse zur Industrieverteilung	Atlas (z. B. Diercke, S. 68)	Ss werten Atlaskarten aus, diskutieren Aussagegehalt und -grenzen dieser Karten Ss erhalten Grobeinsicht in unterschiedliche Industrieverteilung
2. Erarbeitung — Bedeutung der Industrie als *Arbeitgeber* in den EG-Regionen:		Gruppen- oder Partnerarbeit: Ss bearbeiten M 9.1 u. M 9.2, vergleichen Ss stellen fest, daß 1. die Arbeitslosigkeit in zahlreichen Industrieregionen geringer ist als in anderen Regionen (Bedeutung der Industrie!)
a) Anteil der Erwerbstätigen i. d. Industrie b) Arbeitslosigkeit	M 9.1 ‚Anteil der Industriebeschäftigten an den Gesamtbeschäftigten 1984' M 9.2 ‚Arbeitslosenquote 1986'	2. aber auch manche Industrieregionen unter Arbeitslosigkeit leiden (Lehrer weist an Beispielen auf Problembranchen wie z. B. Stahl, Textil oder Schiffbau hin)
— Bedeutung der Industrie für die *Wirtschaftskraft* von Regionen a) Bruttowertschöpfung/Einw. b) Anteil der Industrie an der Bruttowertschöpfung	M 9.3 ‚Bruttoinlandsprodukt je Einwohner 1985' M 9.4 ‚Anteil der Industrie an der Bruttowertschöpfung 1982'	Ss suchen die Regionen heraus, in denen günstige Werte vorliegen. Vergleich mit Atlaskarten: Welche Branchen herrschen dort vor (Wiederholung: Wachstumsbranchen — Schrumpfungsbranchen)

2. Unterrichtsphase (1—2 Std.): *Produktions- und Absatzvorteile der Industrie durch die EG; insbesondere auch für die BR Deutschland*

Verlaufsstruktur	Medien	Lehrer-Schüler-Verhalten
1. Einstieg (Motivation) Lohnt sich aus wirtschaftlichen Gründen die Mitgliedschaft der BR Deutschland in der EG?	M 9.5 ‚Saldo der Ein- und Auszahlungen zwischen den Mitgliedsländern und dem EG-Haushalt'	Ss erkennen den hohen finanziellen Beitrag der BR Deutschland und diskutieren den wirtschaftlichen (evtl. auch den politischen) Sinn. Ss äußern Vorwissen
2. Erarbeitung — Export/Import von Industrieprodukten — Handelspartner der deutschen Industrie	M 9.6 ‚EG-Handel 1984' M 9.7 ‚Export und Import von Industriewaren der BR Deutschland 1986'	M 9.6 und Export-Statistik M 9.7 auswerten, Hauptabsatzgebiete der deutschen Industrie erkennen
3. Hausaufgabe Statistische Daten aus M 9.7 in Pfeildarstellung zeichnen	M 9.7 (s. o.)	Umsetzen der statistischen Daten aus M 9.7 in Pfeildarstellung für den EG-Raum. Interpretieren!

3. Unterrichtsphase (ca. 2 Std.): *Die Bedeutung der EG-Regionalpolitik für die Industrieförderung*

Verlaufsstruktur	Medien	Lehrer-Schüler-Verhalten
1. Einstieg (Wiederholung) Regionale Disparitäten in der EG	M 9.3 (s. o.)	Ss stellen Lage der unterentwickelten Regionen fest Ss wiederholen Ursachen dafür und suchen weitere Gründe (z. B. physisch-geogr. Faktoren)
2. Erarbeitung — Abwanderung als Folge wirtschaftlicher Not — Der ‚Regionalfond' als Instrument einer ‚Entwicklungshilfe' in der EG	Atlas (z. B. Diercke S. 96/VI) M 9.8 ‚Ziele des Regionalfonds, Verteilung der Mittel, Fallbeispiele'	Ss erkennen Abwanderung als Folge wirtschaftlicher Not Anhand von M 9.8 im Vergleich mit M 9.2 die regionale Verteilung der Hilfen feststellen. ‚Gerechtigkeit' der regionalen Verteilung diskutieren.
3. Weiterführung (evtl. als Hausaufgabe) Kritik an der EG, Aufgaben für die Zukunft	nach freier Wahl der Schüler	Zweckmäßigkeit der Förderung; an den Fallbeispielen erörtern, kritische Schlußwertung

Materialien zu den Unterrichtsbeispielen

Verzeichnis der Materialien (mit Quellennachweisen)

— M = Medium/Material
— (t) = das betreffende Medium/Material befindet sich nicht im gehefteten Medienteil, sondern in der Medientasche im Anhang

M 1.1	Abbildung: Baggertransport (aus: Rhein. Braunkohlenwerke AG)
M 1.2	Text und Aufgaben: Ein technischer Riese unterwegs (aus: Uni-Berufswahl-Magazin, Januar 1983, Neckarsulm, S. 9—14)
M 1.3	Abbildung: Abbau im Tagebau (aus: Rhein. Braunkohlenwerke AG)
M 1.4	Text und Aufgaben: Der Schaufelradbagger im Einsatz (aus: Informationsmaterial der Rheinischen Braunkohlenwerke AG 1983)
M 1.5	Text, Tabelle, Aufgaben: Verwendung und Transport der Braunkohle (nach: Stat. Jahrbuch der Bundesrepublik Deutschland, verschied. Jahrgänge) nach: *Klahsen/v. d. Ruhren:* Das Rheinische Braunkohlenrevier, Materialien 1, S. 13)
M 1.6	Text und Aufgaben: Menschen müssen ihr Heimatdorf verlassen (nach: Rhein. Braunkohlenwerke AG, Hrsg., 1981: Umsiedlungen im Rheinischen Braunkohlenrevier)
M 1.7 (t)	Dia: Morken-Harff um 1950 (aus Rhein. Braunkohlenwerke AG)
M 1.8 (t)	Dia: Morken-Harff um 1980 als Ortsteil von Kaster nach der geschlossenen Umsiedlung (aus: Rhein. Braunkohlenwerke AG)
M 1.9 (t)	Dia und Abbildung: Neue Bauernhöfe auf der ‚Berrenrather Börde' (aus: Rhein. Braunkohlenwerke AG)
M 1.10 (t)	Dia und Abbildung: Naherholungsgebiet ‚Brühler Seenplatte' (aus: Rhein. Braunkohlenwerke AG)
M 1.11	Text und Aufgaben: Rekultivierung der ‚ausgekohlten Braunkohlentagebaue (nach: Rhein. Braunkohlenwerke AG)
M 2.1	Text, Karte, Aufgaben: Standorte des Zuckerrübenanbaus und der Zuckerfabriken in der Bundesrepublik Deutschland (nach „Themen", Verlagsbeilage in „Journal", Juni 1982, S. 19; hrsg. Verlag Rommerskirchen, Remagen-Rolandseck, und Centrale Marketinggesellschaft der deutschen Agrarwirtschaft mbH ‚CMA', Hrsg., 1983: Zucker, die Geschichte und die wirtschaftliche Entwicklung eines Grundnahrungsmittels. Lehrerbegleitheft und Foliensatz. Vertrieb: Hagemann, Lehrmittel- und Verlags-GmbH, Düsseldorf. (Hinweis: wird von der CMA an Schulen kostenlos abgegeben))
M 2.2	Arbeitsblatt: Der Weg von der Zuckerrübe zum Zucker, I: Ernte und Transport (nach: „Themen", vgl. M 2.1)
M 2.3	Text und Aufgabe: Herkunft und Transport der Zuckerrüben (nach Angaben der Lehrter Zucker AG)
M 2.4	Arbeitsblatt: Der Weg von der Zuckerrübe zum Zucker, II: Verarbeitung in der Zuckerfabrik Lehrte (nach: „Themen", vgl. M 2.1)
M 2.5 (t)	Folie: Luftbild der Lehrter Zucker AG (Foto: Lehrter Zucker AG)
M 2.6	Tabellen und Aufgaben: Wohin wird der Zucker verkauft? (nach Angaben der Lehrter Zucker AG)
M 2.7	Text, Tabelle, Aufgaben: Wer verbraucht eigentlich den Zucker in der Bundesrepublik Deutschland (nach Angaben der Lehrter Zucker AG)
M 2.8	Text und Aufgaben: Die Beschäftigten der Zuckerfabrik Lehrte (nach Angaben der Lehrter Zucker AG)
M 3.0 (t)	Folie: In einer Autofabrik (Fotos: Daimler-Benz AG)
M 3.1	Text: Auto und Automobilindustrie
M 3.2	Karte: Standorte von Automobilfabriken in der Bundesrepublik Deutschland:
M 3.2 a	Texte und Aufgaben: Standortfaktoren für Autofabriken: Beispiel: Opel/Rüsselsheim
M 3.2 b	Text: Standortfaktoren für Autofabriken in der Nachkriegszeit
M 3.3	Karte, Tabellen, Aufgaben: Produktionsstätten von Automobilfabriken in der BR Deutschland; Beispiel: Daimler-Benz und Volkswagen (aus: Daimler-Benz AG, Geschäftsbericht 1983; Volkswagen AG, Geschäftsbericht 1983)
M 3.4	Text und Aufgaben: Zulieferindustrie: Beispiel Stahl (nach: Hoesch Werke AG, Dortmund, Werbeanzeige)
M 3.5	Text und Tabellen: Zulieferindustrie: Beispiel Volkswagen AG (nach: Volkswagen Geschäftsbericht 1982)
M 3.6	Text: Zulieferindustrie und Organisation: Beispiel Daimler-Benz (nach: Daimler-Benz AG, Geschäftsbericht 1982 und 1983)
M 3.7	Diagramm und Aufgaben: Automobilproduktion in der BR Deutschland 1970—1983
M 3.8	Diagramm und Aufgaben: Motorisierungsgrad in der BR Deutschland (aus: Verband der Automobilindustrie, Jahresbericht Auto 1983/84, Frankfurt 1984)
M 3.9	Tabelle und Aufgaben: Produktion und Beschäftigung in der deutschen Automobilindustrie (aus: Verband der Automobilindustrie, siehe M 3.8)
M 3.10	Text: Wolfsburg Halle 54: Roboter bauen Autos
M 3.11	Diagramm und Aufgaben: Entwicklung und Produktion von Autos: Beispiel VW Golf
M 3.12	Text und Aufgaben: Die Zukunft der deutschen Automobilindustrie — Beschäftigung heute und morgen!
M 3.13	Text und Aufgabe: Die Zukunft des Automobils in der BR Deutschland
M 3.14	Diagramm und Aufgaben: Gesamtwirtschaftliche Bedeutung der Automobilindustrie (aus: Daimler-Benz AG, Geschäftsbericht 1983)
M 3.15	Diagramm: Rohstoffrückgewinnung (aus: Verband der Automobilindustrie, Frankfurt 1983)
M 3.16	Text: Autowerbung aus dem Jahre 1898 (nach: Daimler-Benz AG, Archiv Stuttgart, o. J.)
M 3.17	Abbildungen, Text, Aufgaben: Autowerbung 1955 (aus: Lloyd Motoren AG, Bremen, Werbeanzeige 1955)
M 3.18 (t)–	Folie: Die Rolle von Mensch und Roboter bei der Automobilproduktion heute (aus: Daimler-Benz AG, Pr-Abt., Stuttgart 1984)
M 3.20 (t)	
M 4.1	Text und Aufgabe: Singapur im Jahre 1965 (nach: *Uhlig, H.,* Hrsg., 1975: Fischer Länderkunde: Südostasien-Australien, S. 293 ff., und Department of Statistics: Yearbook of Statistics Singapore 1980/81, S. 47, und Statistik des Auslandes, Länderbericht Singapur 1985)
M 4.2	Text und Aufgaben: Standortbedingungen für die Industrie in Singapur (nach: Wirtschaftsentwicklungsbehörde von Singapur, Hrsg., 1978: Wirtschaftsbulletin aus Singapur, Sonderbeilage 1.)
M 4.3	Tabelle, Text, Aufgabe: Lohnkosten und Lohnnebenkosten (aus: Wie M 4.2 und Dresdner Bank, Hrsg. 1981: Investieren in Singapur)
M 4.4	Tabelle und Aufgaben: Die wichtigsten Handelspartner Singapurs (aus: Department of Statistics Singapore, Yearbook of Statistics Singapore 1980/81)
M 4.5	Tabellen und Aufgaben: Wichtige Güter der Einfuhr nach/der Ausfuhr aus Singapur (nach: Bundesstelle für Außenhandelsinformation, Hrsg., 1982: Wirtschaftsdatenblatt, August 1982, S. 7)
M 4.6 (t)	Dia: Ausschnitt aus der Stadtkarte Singapur 1:50 000 (aus: Ministry of Defence, 1978, Singapore 1:50 000 Topographical Map)

Materialien zu den Unterrichtsbeispielen

M 4.7	Karte: Singapur: Stadtkarte als Kopiervorlage (nach: Statistisches Bundesamt 1980: Länderkurzbericht Singapur 1980, S. 4; Jurong Town Corporation 1982: Annual Report 1981/82, S. 6 ff.; Ministry of Defence 1978: Singapore 1 : 50 000, Topographical Map; Ministry of Defence 1981: Singapure Outline Map 1 : 100 000 und *Uhlig, H.,* Hrsg., 1975: Fischer-Länderkunde: Südostasien-Australien, S. 269, und *Heineberg, H.,* 1986, S. 503)
M 4.8	Text, Tabelle, Aufgaben: Jurong Industriekomplex „Jurong Industrial Estate" — Singapurs größte Industriezone (nach: Jurong Town Corporation, 1982: Annual Report 1981/82, S. 21 ff. sowie 1984/85, S. 23; und Department of Statistics, Yearbook of Statistics, Singapore 1980/81, S. 86/87)
M 4.9	Text, Tabelle, Aufgaben: Industrieförderung durch Baumaßnahmen des Staates (nach Jurong Town Corporation 1982, Annual Report 1981/82, S. 21 ff.; und HDB Annual Report 1984/85, Singapore)
M 4.10	Text und Tabelle: Industriehafen Jurong (nach: Jurong Town Corporation, Annual Report 1983/84, S. 27; und Statistik des Auslandes, Länderbericht Singapur 1985)
M 4.11	Text und Aufgaben: Versorgungsbasis Jurong (vgl. bei M 4.9, S. 33 ff.)
M 4.12 (t)	Dia: Luftbild: Teile der ‚südlichen Inseln' (aus: Jurong Town Corporation, Annual Report 1979/80, S. 22, Abb. 1)
M 4.13	Text und Aufgaben: Neue Landgewinnungsgroßprojekte im Bereich der ‚südlichen Insel' (nach: Bundesstelle für Außenhandelsinformation 1982, NfA v. 23. 9. 1982: Neue Landprojekte der Jurong Town Corporation in Singapur. Außerdem: wie M 4.9, S. 17)
M 5.1	Text: Daten zur Geschichte Berlins
M 5.2	Text: Berlin-Hilfe der deutschen Wirtschaft
M 5.3	Tabelle: Anzahl der Industriearbeitsplätze in Berlin-West (nach: Statistisches Landesamt Berlin)
M 5.4	Text: Subventionsmentalität und Managementfehler? (nach: *Naworcke, J.:* Die Ängstlichkeit der Manager. — In: Die Zeit, vom 10. 9. 1982)
M 5.5	Tabelle: Verarbeitendes Gewerbe in Berlin-West (nach Angaben des Statistischen Landesamtes Berlin und des Statistischen Bundesamtes Wiesbaden)
M 5.6	Tabelle: Zum Vergleich: Verarbeitendes Gewerbe im Bundesgebiet (nach Angaben des Statist. Landesamtes Berlin und des Stat. Bundesamtes Wiesbaden)
M 5.7	Tabelle: Betriebe, Beschäftige, Umsätze im Handwerk in Berlin-West (nach Angaben wie bei M 5.6)
M 5.8	Tabellen: Arbeitnehmer in Berlin West nach Wirtschaftsbereichen (nach Angaben wie bei M 5.6)
M 5.9	Tabelle: Waren- und Dienstleistungsverkehr von Berlin-West (aus: Der Senator für Wirtschaft und Verkehr, Investieren — Produzieren in Berlin, Berlin 1982)
M 5.10	Diagramm: Regionale Verteilung der Warenlieferungen und Warenbezüge Berlins (aus: Der Senator für Wirtschaft und Verkehr, Investieren — Produzieren in Berlin, Berlin 1982)
M 5.11	Werbetext: Warum in Berlin investieren? (aus: Werbebroschüre der Wirtschaftsförderung Berlin GmbH, Berlin 1983)
M 5.12	Diagramm und Aufgabe: Vergleich: Erwerbstätige in Berlin-West und Bundesgebiet (aus: Süddeutsche Zeitung, Ausgabe vom 5. 8. 1983, „Berlin braucht neue Arbeitsplätze".)
M 5.13	Werbetext: Förderung innovationsorientierter Unternehmen in Berlin (aus: Der Senator für Wirtschaft und Verkehr, Fördermaßnahmen und -programme, Berlin 1983; sowie Abs. 3 nach: *Pieroth, E.:* Qualitätsstrategie für Berlin. — In: 17. Bericht über die Lage der Berliner Wirtschaft, Berlin 1986, S. 6—10)
M 5.14	Text und Aufgabe: Arbeitsproduktivität und Berlinförderung (nach: Süddeutsche Zeitung, Ausgabe vom 27. 12. 1984, „Berlin im wirtschaftlichen Aufbruch")
M 5.15	Text: Folgen der veränderten Berlinförderung. Beispiel: Die Zigarettenindustrie (nach: Die Zeit, Ausgabe vom 10. 12. 1981, Berlin-Dossier)
M 5.16	Text und Aufgabe: Fördermittel für Berlin vernichten Arbeitsplätze im Bundesgebiet: Beispiel Bayreuth
M 5.17	Text und Aufgabe: Wirtschaftsprognose für Berlin-West im Jahre 2000 (nach: Die Zeit, Ausgabe vom 7. 9. 1984, „Mal was nach Berlin zurückgeholt")
M 5.18	Text: Zu- und Abwanderungsmotive
M 5.19	Text und Aufgabe: Die Rolle der Bundesunternehmen in Berlin-West (nach: Die Zeit, Ausgabe vom 7. 9. 1984, „Mal was nach Berlin zurückgeholt")
M 5.20	Text: Die politische Rolle von Berlin-West (nach: Die Zeit, Ausgabe vom 7. 9. 1984, „Mal was nach Berlin zurückgeholt")
M 6.1	Karte und Aufgaben: Kalifornien im Kartenbild
M 6.2	Text: Kalifornien — US-Bundesstaat der Superlative
M 6.3	Aufgaben, Tabelle, Text: Naturpotential Kaliforniens
M 6.4	Text und Aufgabe: Standort Silicon Valley
M 6.5	Text und Aufgaben: Silicon Valley und die Nachindustrielle Gesellschaft
M 6.6	Arbeitsblatt: Kennzeichen des Gunstraumes Silicon Valley
M 6.7	Text und Aufgaben: Jungunternehmer in den USA (nach: Süddeutsche Zeitung, Ausgabe vom 10. 5. 1982, „Der Traum von der Tellerwäscher-Karriere ist noch Realität").
M 6.8	Text und Aufgabe: „cottage-Industrie" in Kalifornien (nach *Windmöller, E.,* „Kalifornien — Der Ritt über den Regenbogen". — In: Stern, Heft 48, 1982, S. 40—66)
M 6.9	Text und Aufgabe: Ist Kalifornien zukunftsweisend? (nach: Der Spiegel, „2000 Jahre USA (Teil XI) — Kalifornien: An den Grenzen des Traums", Heft 8, 1976, S. 94—103)
M 6.10	Text und Aufgabe: Der Preis des Wachstums (wie M 6.9)
M 7.1	Text, Presseberichte, Aufgabe: Die Presse berichtet über die Krise der Industrie im Ruhrgebiet (nach: Kommunalverband Ruhrgebiet, Hrsg. 1982, Strukturanalyse Ruhrgebiet — Wirtschaft im Ruhrgebiet zwischen Strukturwandel und Politik, Kurzfassung; und Kommunalverband Ruhrgebiet, Hrsg., 1982, Ruhrgebiet aktuell 3/82)
M 7.2	Tabelle, Diagramme, Text, Aufgaben: Wachsende Arbeitslosigkeit — einseitige Wirtschaftsstruktur (vgl. bei M 7.1 und M 7.10)
M 7.3	Text, Diagramme, Aufgaben: Was bedeutet Nachfrageveränderung nach Industrieprodukten für das Ruhrgebiet? (vgl. bei M 7.1 sowie Statistisches Bundesamt, (Hrsg.), 1987, Statistisches Jahrbuch nur für die Bundesrepublik Deutschland, Wiesbaden, S. 270)
M 7.4	Text, Diagramme, Aufgaben: Beispiele staatlicher Maßnahmen und ihre Folgen für das Ruhrgebiet (nach *Eckey, H.-F.* u. a., 1982, Analyse der sektoralen Entwicklung im Ruhrgebiet im Vergleich zur sektoralen und gesamtwirtschaftlichen Entwicklung auf Bundesebene unter besonderer Berücksichtigung von sektorspezifischen politischen Rahmenbedingungen. Gutachten im Auftrag des Kommunalverbandes Ruhrgebiet. Essen)

Materialien zu den Unterrichtsbeispielen

M 7.5 Text, Diagramm, Tabelle, Aufgaben: Umweltschutz im Ruhrgebiet: einerseits dringende Aufgabe, andererseits Gefährdung von Industriebetrieben? (vgl. bei M.7.1 und M 7.4)

M 7.6 Text, Tabelle, Karte, Aufgaben: Probleme für die Ruhrindustrie aus der Raumordnungs- und Städtebaupolitik (nach: Ministerialblatt für das Land Nordrhein-Westfalen, Ausgabe B, Nr. 73, 14. Ausg., 1974, und Nr. 67, 20. Ausg., 1982; Minister für Landes- und Stadtentwicklung des Landes NRW 5/81: Grundstücksfonds Ruhr, und *Finke, L./Panteleit, S.*, Flächennutzungskonflikte im Ruhrgebiet. — In: GR 10/1981, S. 422—430)

M 7.7 Text, Abbildung, Aufgaben: Staatliche Wirtschaftsförderung in der BR Deutschland (vgl. bei M 7.1 sowie Deutscher Bundestag 1987, 11. Wahlperiode, Drucksache 11/583; 16. Rahmenplan der Gemeinschaftsaufgabe „Verbesserung der regionalen Wirtschaftsstruktur". Bezugsquelle: Verlag Dr. Hans Heyer, Postfach 200821, 5300 Bonn 2. Preis ca. 10,— DM)

M 7.8 Text, Tabelle, Aufgaben: Staatliche Wirtschaftsförderung im Ruhrgebiet (nach: Kommunalverband Ruhrgebiet, Hrsg., 1982, Städte- und Kreisstatistik Ruhrgebiet 1981; Der Ministerpräsident des Landes NRW, Hrsg., Landesentwicklungsbericht 1979, Heft 42/1979 und Landesentwicklungsbericht 1982, Heft 45/1983; Statistisches Jahrbuch der Eisen- und Stahlindustrie 1986, Düsseldorf, S. 31)

M 7.9 Karte: Staatliche Wirtschaftsförderung im Ruhrgebiet (aus: vgl. M 7.8)

M 7.10 Tabelle: Arbeitslosigkeit im Ruhrgebiet (aus: Kommunalverband Ruhrgebiet, Hrsg., 1987, Städte- und Kreisstatistik Ruhrgebiet 1986, Essen, S. 181)

M 8.1 Tabelle: Wichtige Industrie-Entwicklungsmerkmale Malaysias im Vergleich mit ausgewählten Entwicklungsländern und der BR Deutschland (aus: Weltbank, Hrsg., 1982 u. 1987, Weltentwicklungsbericht 1982 u. 1987. Bezugsquelle: UNO-Verlag, Simrockstr. 23, 5200 Bonn 1. — Preis: ca. 25,— DM)

M 8.2 Tabelle und Aufgaben: Exporte wichtiger Güter aus Malaysia 1975 und 1986 (aus: Ministry of Finance Malaysia, 1986, Economic Report 1986/87, S. 87)

M 8.3 Tabelle und Aufgaben: Importe wichtiger Güter nach Malaysia 1965 und 1985. (vgl. M 8.1: 1987, S. 249)

M 8.4 Tabelle und Aufgaben: Struktur der Wirtschaftsbereiche (Sektoren) in Malaysia (aus: Bundesstelle für Außenhandelsinformation, Malaysia-Wirtschaftsstruktur 1980, Köln 1980, S. 102; und Wirtschaftsdatenblatt Malaysia, Köln 1982, S. 7; und vgl., M 8.2, S. 7, 9)

M 8.5(t) Dia: Moderne Industrie-Arbeitsplätze (aus: Malaysian Trade Commisison ‚MIDA', 1981, ‚Modern Malaysia', S. 5)

M 8.6(t) Dia: Kautschuk-Gewinnung durch Smallholder (Aufbereitung von Rohkautschuk an der Westküste von West-Malaysia durch Kleinbauern). (Foto: *Schrader*)

M 8.7 Karte: Verteilung der verarbeitenden Industrie in den Bundesstaaten West-Malaysias 1981 (aus: Department of Statistics Malaysia, 1983, Survey of Manufacturing Industries 1981)

M 8.8 Tabelle und Aufgaben: Verteilung von Armut und Pro-Kopf-Einkommen in West-Malaysia (Spalte I: Nach *Krüger, K.*, 1982, Regional Policy in Malaysia. — In: Geoforum, Vol. 12, No. 2, S. 140). (Spalte II: nach: Government of Malaysia, 1981, Fourth Malaysia Plan 1981—1985. Kuala Lumpur. S. 101)

M 8.9 Tabellen und Aufgaben: Bevölkerung und Volksgruppen (u. a. Teil a. nach: Department of Statistics, 1981, Vital Statistics Peninsular Malaysia, Kuala Lumpur, S. 8; Teil b nach: Government of Malaysia, 1986, Fifth Malaysia Plan 1986—1990, Kuala Lumpur, S. 102 und S. 129)

M 8.10 Tabelle: Anteil der Wirtschaftssektoren der Einzelstaaten am BIP des Gesamtstaates in den betreffenden Wirtschaftssektoren 1985 — in % (nach: Government of Malaysia, 1986, Fifth Malaysia Plan 1986—1990, S. 174 f.)

M 8.11 Originaltext (engl.) und Aufgaben: Auszug aus: ‚Fourth Malaysia Plan 1981—1985' (nach: Government of Malaysia, 1982, Fourth Malaysia Plan 1981—1985, S. 99)

M 8.12 Text und Aufgaben: Die ‚New Economic Policy' (NEP) 1971—90 (nach: Government of Malaysia, 1979, Mid Term Review of the Third Malaysia Plan 1976—1980, Kuala Lumpur)

M 8.13 Text und Aufgaben: Maßnahmen der malaysischen Regierung zur Förderung industrieller Investitionen (nach: Malaysian Industrial Development Authority ‚MIDA', 1982, Malaysia — Your Profit Centre in Asia, Kuala Lumpur, S. 8)

M 8.14 Karte, Tabelle, Text, Aufgaben: Regionale Entwicklungskonzepte (Strategien) für West-Malaysia (u. a. aus: Deutsche Gesellschaft für Wirtschaftliche Zusammenarbeit ‚DEG', 1982, Malaysia — Investitionsführer, Köln. Bezugsquelle: Belvederestr. 40, 5000 Köln 41; *Richardson, H. W.*, 1978, Growth Centers, Rural Development and National Urban Policy: A Defense. — In: International Regional Science Review, Vol. 3, No. 2, S. 133—152.)

M 9.1 Karte: Anteil der Industriebeschäftigten an den Gesamtbeschäftigten 1984 (nach: Kommisison der EG, 1987, Dritter periodischer Bericht über die sozio-ökonomische Lage und Entwicklung der Regionen der Gemeinschaft, Brüssel, S. 81

M 9.2 Karte: Arbeitslosenquote 1986 (vgl. wie M 9.1, S. 33)

M 9.3 Karte: Bruttoinlandsprodukt je Einwohner 1985 — gemessen am EG-Durchschnitt — (vgl. wie M 9.1, S. 25)

M 9.4 Karte: Anteil der Industrie an der Bruttowertschöpfung 1982 (nach: Eurostat, 1986, Regionen, Statistisches Jahrbuch 1986)

M 9.5 Tabelle: Saldo der Ein- und Auszahlungen zwischen den Mitgliedsländern und dem EG-Haushalt (errechnet nach: Eurostat-Revue, 1979—85, S. 17 u. 19)

M 9.6 Tabelle: EG-Handel 1984 (nach: Stat. Bundesamt, Hrsg., Länderbericht ‚EG-Staaten 1986', Statistik des Auslandes, Wiesbaden 1986, S. 81 f.)

M 9.7 Tabelle: Export und Import von Industriewaren der BR Deutschland 1982 (nach: Stat. Bundesamt, Hrsg., Statistisches Jahrbuch 1987 für die Bundesrepublik Deutschland, Stuttgart und Mainz, S. 272 f.)

M 9.8 Text, Tabellen, Aufgaben: Ziele des Regionalfonds, Verteilung der Mittel, Fallbeispiele (nach: a) Amt für Veröffentl. der EG, 1982, Beihilfen und Darlehen der Europ. Gemeinschaft, Europ. Dokumentation, Zeitschrift 7—8/1981; b) Kommission der EG. Die Gemeinschaft und ihre Regionen. Europäische Dokumentation H. 1; Kommission der EG, 1985, Bulletin der Europ. Gemeinschaften, Nr. 12, Brüssel, S. 67.)

M 1.1	Baggertransport

M 1.2	"Ein technischer Riese unterwegs"

Zu obiger Abbildung stand im Januar 1983 folgender Text in der Zeitung:
"Aufsehen erregte im Oktober und November 1982 der Schaufelradbagger S 261 der Rheinischen Braunkohlenwerke AG. Er ist 200 m lang, 70 m hoch und 7 600 Tonnen schwer. Er bewegt sich mit Hilfe von 15 jeweils 3 m hohen und 3 m breiten Raupenfahrwerken 600 m pro Stunde. Nachdem er 21 Jahre lang im Braunkohlenrevier bei Frechen pro Tag 110 000 m³ Kohle und Abraum gefördert hat, ist ihm die Kohle ausgegangen. Also mußte er sich 46 km weiter nach Frimmersdorf zu seinem neuen Betätigungsfeld begeben."
Im neuen Tagebau Hambach (vgl. Atlaskarte) werden noch größere Geräte eingesetzt: 220 m lang, ca. 85 m hoch, 13 000 Tonnen Gewicht, tägliche Förderung von 240 000 Tonnen. Dafür müßten über 40 000 Menschen mit Hacke und Schaufel arbeiten, während der Bagger nur von 5 Facharbeitern bedient wird.

Aufgaben:

1. Verdeutliche Dir die Größe und das Gewicht dieses "technischen Riesen" durch Vergleiche! (z.B. er wiegt sowiel wie... VW-Golf).

2. Schlage im Atlas eine Spezialkarte über den rheinischen Braunkohlentagebau ("in der Ville" westl. von Köln) auf: Suche die beiden angegebenen Orte. Die Karte macht den Grund für diesen ungewöhnlichen Transport deutlich.

Abbau im Tagebau — M 1.3

Der Schaufelradbagger im Einsatz — M 1.4

Obiges Foto zeigt den Schaufelradbagger im Einsatz. In Gruben bis zu 360 m Tiefe (ab 1983: bis 470 m) wird die wertvolle Braunkohle abgebaut.
Bis 1945 wurde die Braunkohle hauptsächlich in Raum Köln/Brühl in kleinen Gruben verhältnismäßig leicht gewonnen, da die Flöze bis fast an die Oberfläche heranreichten.
Heute muß auf die tiefen, dafür aber bis zu 100 m mächtigen Flöze zurückgegriffen werden. Das bis zu 300 m mächtige "Deckgebirge" aus Sand, Kies und Lehm muß vollständig abgeräumt werden. Die Vorräte sind so groß, daß die Förderung von ca. 115 bis 120 Mio. Tonnen im Jahr mindestens bis zum Jahre 2040 aufrecht erhalten werden kann.

Aufgaben:
1. Was sagt Dir M 1.3 über die Lagerung der Flöze?
2. Nenne mindestens zwei Gründe, warum ein Untertagebau wie bei der Steinkohle hier nicht möglich ist.
3. Vermute, was mit dem Abraum geschieht.
4. <u>Zusatzaufgabe:</u> Schreibe einige Probleme auf, die durch den Großtagebau entstehen.

M 1.5	Verwendung und Transport der Braunkohle

a) Der weitaus größte Teil der Braunkohle wird in Kraftwerken verfeuert, so daß dort elektrischer Strom erzeugt werden kann. Nur ein kleiner Teil wird zu Briketts verarbeitet.

Stromerzeugung in der BRD in Mrd. KWh

aus	1970	1983	aus	1970	1983
Steinkohle	95,6	131,5	Erdgas	13,4	36,0
Braunkohle	59,6	94,0	Kernenergie	6,0	65,9
Mineralöl	36,4	13,0	Übrige	31,6	32,9

Aufgaben:
1. Welche Bedeutung hat die Braunkohle für die Stromerzeugung in der Bundesrepublik Deutschland?
2. <u>Zusatzaufgabe:</u> Welche "Energieträger" haben ihre Bedeutung von 1970 bis 1983 am meisten vergrößert?
3. Der aus Braunkohle erzeugte Strom wird in das europäische Verbundnetz "eingespeist" (eingeleitet), d.h. Strom wird häufig dort erzeugt, wo er am günstigsten produziert werden kann.
   Suche im Atlas (z.B. Diercke S. 37 III) Beispiele für weitere Kraftwerke (nicht nur für Braunkohle) und versuche, die Gründe für die Standorte herauszufinden.

b) Die geförderte Braunkohle besteht über die Hälfte aus Wasser.
   Aufgabe:
   Stelle auf Atlaskarten fest, wo die Braunkohlekraftwerke liegen. Begründe!
Der Transport in den Tagebaubetrieben erfolgt heute mit Förderbändern (vgl. M 1.3), die bis zu 3 m breit sind und Geschwindigkeiten bis zu 27 km/h erreichen. Insgesamt gibt es 180 km Bandanlagen in den rheinischen Braunkohletagebauen. Sie können auf kurze Entfernungen große Höhenunterschiede bewältigen. Das ist mit den früher hier eingesetzten Schienenfahrzeugen nicht möglich.

M 1.6	Menschen müssen ihr Heimatdorf verlassen

Wenn ein Großtagebau eingerichtet wird, verändert sich die Landschaft vollkommen. Verkehrswege, Äcker, Wiesen und ganze Siedlungen verschwinden. Seit 1950 sind 70 Ortschaften und Ortsteile mit ca. 25 000 Menschen umgesiedelt worden. Für ca. 12 000 steht eine Umsiedlung in den nächsten Jahrzehnten bevor.

Ein Beispiel:
Die Lokalzeitung meldet 1976: "Die Umsiedlung der Doppelortschaft Morken-Harff nach Kaster ist abgeschlossen".
Vor ungefähr 25 Jahren waren die Einwohner vor eine schwere Entscheidung gestellt: Der Tagebau Frimmersdorf (Atlas) hatte sich so weit ausgedehnt, daß auch die Dorfflächen von Morken-Harff und einigen Nachbarorten für den Abbau benötigt wurden. Die Einwohner der bis dahin selbständigen Gemeinde mußten jetzt erklären, ob sie eine neue selbständige Gemeinde werden wollten, oder ob die Einwohner in Gruppen oder als Einzelfamilien ihre neuen Häuser in verschiedenen, bereits bestehenden Gemeinden bauen lassen wollten.
Viele dachten damals wie Toni Müller (33, Facharbeiter im nahen Köln): "Wenn wir schon unser Heimatdorf für immer verlassen müssen, dann wollen wir wenigstens mit unseren Nachbarn und Freunden zusammenbleiben. Es ist zwar schön, daß wir ein neues Haus bekommen. Da es aber viel mehr kostet, als wir für unser altes bekommen, müssen wir in Zukunft mehr sparen".
Die Mehrheit entschied sich für den Bau eines eigenen Stadtteils, der an die nur wenige Kilometer entfernte alte Kleinstadt Kaster angebaut wurde.

Aufgaben:
1. a) Suche im Atlas (z.B. Diercke S. 40 I) das alte Dorf Morken-Harff und die neuen Ortsteile mit dem gleichen Namen.
   b) Suche in derselben Atlaskarte die alten und neuen Siedlungen Frauweiler, Garsdorf und Mödrath. Welche Lösung wurde jeweils gefunden? Diskutiert die Vor- und Nachteile.
2. Überlege, welche Dorfeinwohner sich mit der Umsiedlung besonders schwer abfinden konnten oder Nachteile hatten (Denke an Alter, Beruf, Arbeitsplatz; aber auch an Mieter, die kein eigenes Haus hatten).

Neue Bauernhöfe auf der "Berrenrather Börde" M 1.9(t)	Naherholungsgebiet "Brühler Seenplatte" M 1.10(t)
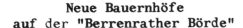	

Rekultivierung der "ausgekohlten" Braunkohlentagebaue — M 1.11

Das Unternehmen, das die Braunkohle abbaut, ist verpflichtet, die zerstörte Landschaft wieder in Ordnung zu bringen. Diesen Vorgang nennt man Rekultivierung. Bereits während des Abbaus wird der Abraum wieder in die ausgekohlten Teile der Grube geschüttet. Es gibt mehrere Möglichkeiten der Rekultivierung:

a) Anlage von Erholungsgebieten mit Wäldern und Seen

M 1.10(t) zeigt das Wald-Seen-Gebiet von Brühl-Liblar. Hier wurde noch 1964 Braunkohle im Tagebau gefördert.

Aufgaben:
1. Suche das Gebiet auf der Atlaskarte. Wie kommt es, daß dieser Raum bereits weitgehend rekultiviert worden ist?
2. Für welche Städte ist hier ein wichtiges Naherholungsgebiet entstanden?

b) Anlage von landwirtschaftlichen Nutzflächen

M 1.9(t) zeigt einen Weiler (kleines Dorf) auf der "Berrenrather Börde". Dort wurde schon 1971 Land für Umsiedlungslandwirte durch Rekultivierung gewonnen. Zum Abschluß der Wiederherstellung des Ackerlandes mußte der vorher gelagerte Mutterboden aufgebracht werden. Man hat auch besonders fruchtbaren Löß aus dem Norden hierher transportiert, den es früher hier nicht gab.

Aufgaben:
Beurteile aus M 1.9(t) und dem Text, warum diese neuen Betriebe besonders gern von Landwirten übernommen werden.

Zusatzaufgabe: Seit Anfang der 50er Jahre hat der rheinische Braunkohlentagebau ca. 18 000 ha Land in Anspruch genommen. Bis 1978 waren 12 294 ha bereits wieder rekultiviert.
Und zwar:
5 548 ha für forstliche Nutzung
5 124 ha für landwirtschaftliche Nutzung
ca. 700 ha Wasserflächen in 45 Seen und Teichen
Rest für Wohnsiedlungen, Wege, Entwässerungsanlagen usw.
Stelle die Verteilung der unterschiedlichen Rekultivierungsarten auf einer Atlaskarte fest. Was fällt Dir auf?

| M 2.1 | **Standorte des Zuckerrübenanbaus und der Zuckerfabriken in der Bundesrepublik Deutschland** |

Die Zuckererzeugung beträgt ca. 2,8 Mio. t. Der Zuckerverbrauch in der Bundesrepublik liegt bei 2,1 Mio. t. Ergebnis: Bei uns wird mehr Zucker erzeugt als verbraucht. Wir müssen sogar exportieren. Die Bundesrepublik liegt in der Zuckerproduktion aus Zuckerrüben an dritter Stelle in der Welt (nach UdSSR und Frankreich). Innerhalb unseres Landes sind der Rübenanbau und die Standorte der Zuckerfabriken aber nur auf wenige Gebiete verteilt (vgl. nebenstehende Karte).

Darüber sprechen wir mit einem Experten:

Frage: Warum werden Zuckerrüben nur in ganz bestimmten Gebieten angebaut?

Experte: Die Zuckerrübe gedeiht auf lockeren, tiefgründigen und nährstoffreichen Böden besonders gut. Ausreichende Wärme und genügend Niederschläge zur Wachstumszeit gehören ebenfalls dazu. Ist das alles vorhanden, spricht man von "Gunsträumen". Allerdings lassen sich heute auch sandige Böden durch Düngung, Beregnung usw. für den Rübenanbau nutzen.

Frage: Kann und darf dort jeder Landwirt Rüben anbauen?

Experte: Die Zuckerfabriken zahlen heute nicht nur für die abgelieferte Rübenmenge, sondern für den Zuckergehalt und geben Prämien für die Rübenqualität. Auch deshalb muß der Landwirt gute Kenntnisse über Anbaumethoden, Saatgut, Düngung, Pflanzenschutzmittel und Beregnung haben. Die Kosten dafür sind etwa doppelt so hoch wie im Getreidebau.
An die Zuckerfabrik darf der Landwirt in der Regel nur liefern, wenn er vorher einen Liefervertrag abgeschlossen hat.

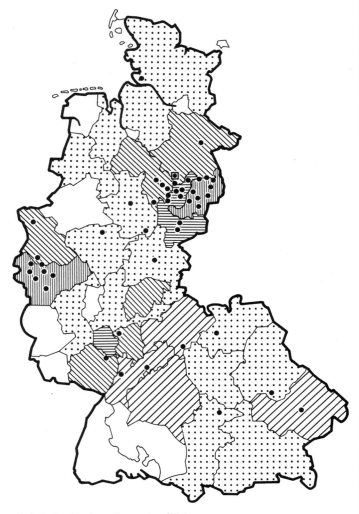

Anteil der Zuckerrübenanbaufläche an der Ackerbaufläche

- unter dem Bundesdurchschnitt
- geringer / mittlerer / höherer / sehr hoher — Anteil, alle über dem Bundesdurchschnitt
- ● Standort einer Zuckerfabrik
- ▣ Standort der Zuckerfabrik Lehrte

Aufgaben:

1. Vergleiche die obige Karte mit der geeigneten Atlaskarte (z.B. Diercke S. 30) und stelle fest, wo in der Bundesrepublik "Ackerbau auf guten Böden" vorkommt und was dort angebaut wird.

2. Zusatzaufgabe: Welche Probleme haben Landwirte, die außerhalb der Hauptanbaugebiete liegen und dennoch Zuckerrüben anbauen?

3. a) Schreibe auf, in welchen Bundesländern Zuckerfabriken liegen.

   b) Suche in der obigen Karte die Zuckerfabrik Lehrte. Welche Landeshauptstadt liegt in unmittelbarer Nähe?

M 2.2

Der Weg von der Zuckerrübe zum Zucker

I. Ernte und Transport

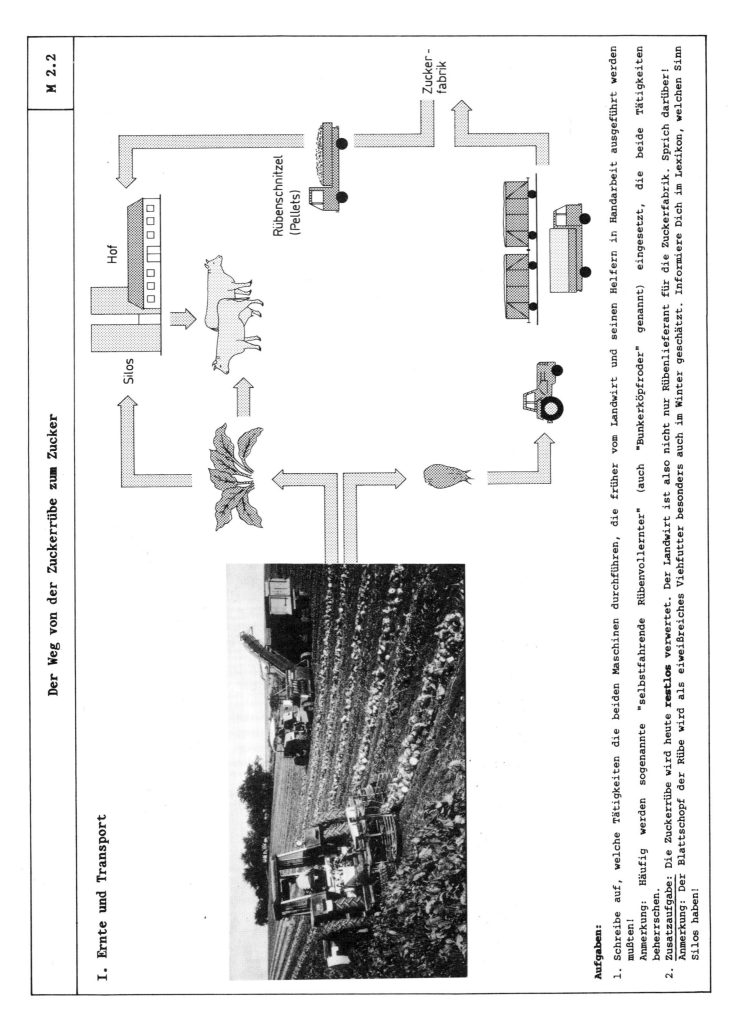

Aufgaben:

1. Schreibe auf, welche Tätigkeiten die beiden Maschinen durchführen, die früher vom Landwirt und seinen Helfern in Handarbeit ausgeführt werden mußten!
   Anmerkung: Häufig werden sogenannte "selbstfahrende Rübenvollernter" (auch "Bunkerköpfroder" genannt) eingesetzt, die beide Tätigkeiten beherrschen.

2. **Zusatzaufgabe:** Die Zuckerrübe wird heute **restlos** verwertet. Der Landwirt ist also nicht nur Rübenlieferant für die Zuckerfabrik. Sprich darüber!
   Anmerkung: Der Blattschopf der Rübe wird als eiweißreiches Viehfutter besonders auch im Winter geschätzt. Informiere Dich im Lexikon, welchen Sinn Silos haben!

M 2.3	Herkunft und Transport der Zuckerrüben

a) Woher kommen die Zuckerrüben, die in Lehrte verarbeitet werden?

Etwa die Hälfte aller verarbeiteten Zuckerrüben werden aus dem Raum Lehrte-Burgdorf, Raum Hannover-Springe und dem Raum Peine angeliefert. Ein Drittel kommt aus der Gegend von Celle, und der Rest muß sogar aus den Räumen Bremervörde und Bassum herantransportiert werden.

Aufgaben:

1. Suche die genannten Städte im Atlas und zeichne eine einfache Skizze, die den "Einzugsbereich" der Lehrter Zuckerfabrik darstellt.

2. Warum sind die Landwirte nördlich von Lehrte gezwungen, ihre Rüben so weit zu transportieren? Denke auch daran, daß sie erst seit wenigen Jahrzehnten Rüben auf ihren leichten Sandböden anbauen. Beachte auch die Karte M 2.1.

b) Mit welchen Verkehrsmitteln werden die Rüben transportiert?

Fragen an den Betriebsleiter zum Rübentransport:

Frage: Mit welchen Transportmitteln werden die Rüben ausgeliefert?

Betriebsleiter: Bis 1975 haben wir etwa die Hälfte aller Rüben mit der Bahn erhalten. Das verursachte aber zu hohe Kosten, z.B. durch Umladen der Rüben, durch höhere Tarife und Kosten für stehende, noch nicht entladene Güterwagen. Wir haben die Rübenannahme und das Rübenlager großzügig umgebaut, so daß mehr als die Hälfte aller Rüben durch Fahrzeuge der Landwirte selbst und der Rest durch LKW angeliefert werden.
Natürlich haben wir die Liefertermine jeweils genau vereinbart.

Frage: Wird die Anlieferung der Rüben bei anderen Zuckerfabriken in Deutschland ähnlich durchgeführt?

Betriebsleiter: Ja. In der Bundesrepublik werden gegenwärtig nur ganz wenig Rüben mit der Bahn angeliefert. Mehr als die Hälfte wird von den Landwirten mit eigenen Fahrzeugen gebracht. Damit werden Umladezeiten und -kosten gespart. Bei weiteren Entfernungen, etwa ab 30 km, spielen die LKW eine entscheidende Rolle, die etwa ein Drittel aller Rüben transportieren.

Aufgabe:

Begründe, warum die Landwirte heute die Zuckerrüben überwiegend selbst zur Fabrik bringen. (Denke dabei auch an die Ausrüstung der Höfe mit modernen Fahrzeugen.)

M 2.4

Der Weg von der Zuckerrübe zum Zucker

II. Verarbeitung in der Zuckerfabrik Lehrte

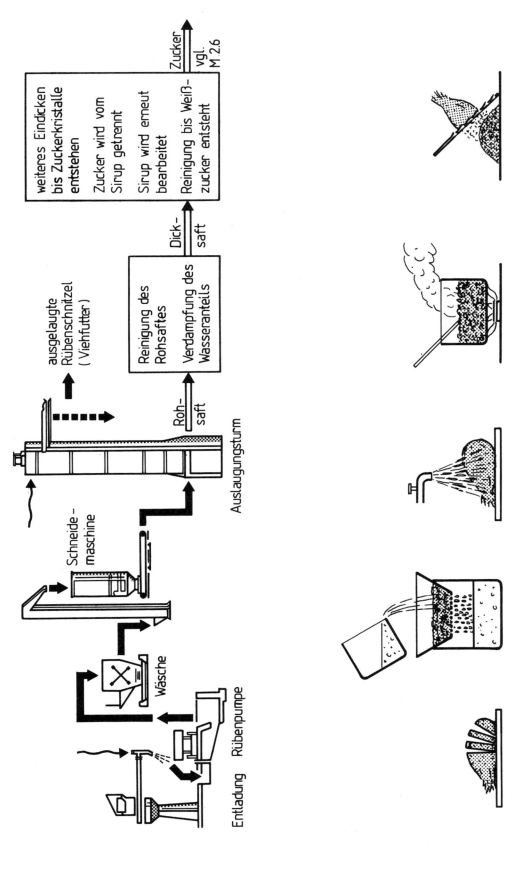

Aufgabe:

Vergleiche die 5 Abbildungen der unteren Reihe mit dem obigen Produktionsablauf und numeriere in der richtigen Reihenfolge!

M 2.6	Wohin wird der Zucker verkauft? (Beispieljahr 1982/1983)

A. Inland:	in Tonnen	B. Ausland	
1. Schleswig-Holstein	969	1. UdSSR	21 970
2. Hamburg	1 077	2. Algerien	11 426
3. Niedersachsen		3. Israel	4 570
a) Reg. Bez. Hannover, Lüneburg, Braunschweig	50 298	4. Iran	4 408
		5. Gambia	4 301
b) Reg. Bez. Weser-Ems (Oldenburg/Osnabrück)	9 799	6. Zypern	4 225
		7. Peru	3 800
4. Bremen	8 147	8. Nigeria	3 275
5. Berlin (West)	1 397	9. Niederlande	3 239
6. übriges Bundesgebiet	2 168	10. Ägypten	3 072
		11. übriges Europa	3 996
		12. übriges Asien	6 741
Inland insgesamt:	73 855	13. übriges Mittel- u. Südamerika	2 888
		14. übriges Afrika	2 750
		Ausland insgesamt:	80 661

Aufgaben:

1. Begründe, warum der meiste Zucker, der im Inland verkauft wird, in bestimmte Gebiete Niedersachsens geliefert wird.
2. Schreibe die Namen der 10 wichtigsten Abnehmerländer für Lehrter Zucker in eine Weltkarte. Miß die Entfernungen.

M 2.7	Wer verbraucht eigentlich den Zucker in der BR Deutschland?

In den letzten Jahren sind in der Bundesrepublik in jedem Jahr ungefähr 2 Mio. Tonnen Zucker verbraucht worden. Davon verzehren die Haushalte nicht einmal die Hälfte, nämlich "nur" 700 000 Tonnen.
Handwerk, Gewerbe und Industrie verarbeiten also ca. 1,3 Mio. Tonnen, davon benötigen:

Getränkeindustrie	über 400 000 t
Süßwarenindustrie	über 300 000 t
Bäckereien, Konditoreien	über 200 000 t
Marmeladenhersteller	ca. 130 000 t
Backwarenindustrie	ca. 50 000 t

Auch die Zuckerfabrik Lehrte beliefert diese Branchen. Natürlich beziehen nahegelegene Industriebetriebe eher aus Lehrte, wie z.B. die Keksfabrik Bahlsen in Hannover.

Aufgaben:

1. Schreibe Handwerks- und Industriebetriebe in Deinem Heimatort oder in der näheren Umgebung auf, in denen Zucker verarbeitet wird.
2. Zusatzaufgabe: Schätze den monatlichen Zuckerverbrauch bei einem Dir bekannten Bäcker und frage dort nach. Berichte.

M 2.8	Die Beschäftigten der Zuckerfabrik Lehrte

Die Lehrter Zuckerfabrik ist eine der größten ihrer Art in Norddeutschland. In der Kampagne (von Ende September bis Mitte Dezember) werden ca. 470 000 t angeliefert. Jeden Tag müssen also ca. 6 000 t verarbeitet werden.
Dazu sind erforderlich:
ca. 170 - 180 gewerbliche Angestellte (z.B. Maschinenschlosser, Rohrleger, Elektriker, Bauhandwerker);
ca. 40 Angestellte (z.B. im Labor, in der Buchhaltung, in der Verwaltung);
ca. 10 Lehrlinge.
Vor 20 Jahren wurden während der ca. 80 Tage der Rübenanlieferung ca. 300 Mitarbeiter benötigt, heute nur noch ca. 20.

Aufgaben:

1. Sprich über die Bedeutung der Zuckerfabrik als Arbeitgeber.
2. Überlege: Was haben die ständig beschäftigten Mitarbeiter zu tun, wenn keine Rüben angeliefert werden?
3. Wodurch wurde es möglich, daß nur noch so wenig Saisonarbeiter beschäftigt werden können?

| Auto und Automobilindustrie | M 3.1 |

Die **Autoindustrie** ist eine **Schlüsselindustrie** in der Bundesrepublik. Sie war zugleich lange Zeit die bedeutendste **Wachstumsindustrie**. Jahr für Jahr wurden mehr Autos gebaut.

Der **Autoexport** trägt erheblich zu unserem Wohlstand bei. Trotz harter Konkurrenz sind Autos "Made in Germany" in der Welt sehr gefragt.

Jeder 7. Beschäftigte in der Bundesrepublik verdient sein Geld durch das Auto, sei es als Tankwart, Autohändler, Kfz.-Mechaniker oder Autokonstrukteur.

Das Auto hat einen tiefgreifenden Wandel des Verkehrswesens bewirkt. Seitdem in den dreißiger Jahren unseres Jahrhunderts auch in Europa die Motorisierung stark zunahm, hat das Automobil das Leben und die Lebensweise der Bevölkerung nachhaltig verändert.

In der Bundesrepublik Deutschland setzte die sogenannte "**Massenmotorisierung**" nach der Währungsreform 1948 ein.

Ende 1986 waren in der Bundesrepublik über 27 Mio. Personenwagen und Kombis zugelassen, das heißt, etwa 75% aller Haushalte verfügten über ein Auto.

Ohne das Automobil wäre die heutige Siedlungskultur - mit ihren Vor- und Nachteilen - ebensowenig denkbar wie die gleichmäßige Erschließung des Landes für die Wirtschaft. LKW's sind als Transportmittel unentbehrlich. Nicht erst Streiks der Lastwagenfahrer machen dies für jeden deutlich.

Gleichzeitig sind allerdings die Nachteile der Massenmotorisierung unübersehbar: Trotz Unfallforschung und aufwendiger, landschaftsfressender Baumaßnahmen ist die Zahl der Unfallopfer nach wie vor viel zu hoch. (1982: 11.600, 1986: beinahe 9.000 Tote)

Die Umweltbelastung durch das Auto ist nicht nur in den Städten spürbar, sie erfaßt mittelbar auch die Wälder und naturnahen Räume.

Die Einführung bleifreien Benzins und des Katalysators lassen ab 1986 Verbesserungen erkennen. Die Energie- und Rohstoffvorräte sind endlich, das heißt, sie sind eines Tages erschöpft: Sparsamster Umgang mit ihnen ist daher dringend geboten.

| Standorte von Automobilfabriken in der BR Deutschland | M 3.2 |

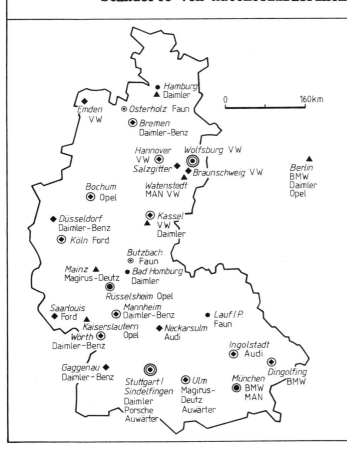

Autofabriken, die nach 1960 entstanden:

VW   : Emden, Salzgitter
Opel   : Bochum, Kaiserslautern
Ford   : Saarlouis
BMW   : Dingolfing (vorher Firma "Glas")
Daimler : Bremen

Lkw-Firmen:
Faun, Magirus-Deutz (Fiat), MAN, Daimler-Benz

Stammwerke:
Daimler-Benz = Stuttgart; Opel = Rüsselsheim; Ford = Köln; VW = Wolfsburg; BMW = München

Beschäftigte in Automobilfabriken
⊙ bis 500
• über 500 bis 2000
▲ über 2000 bis 5000
◆ über 5000 bis 10000
⊚ über 10000 bis 25000
◉ über 25000 bis 50000
◎ über 50000

| M 3.2a | Standortfaktoren für Autofabriken: Beispiel Opel/Rüsselsheim |

Von den Standortfaktoren haben zwar Arbeitsmarkt, Industrieflächen und Transportbedingungen größeren Einfluß auf die Autoindustrie, entscheidend jedoch waren oft historische Gründe. Die Geschichte der Opelwerke in Rüsselsheim kann hier als Beispiel gelten:

Als der Schlossergeselle Adam Opel 1862 nach Lehr- und Wanderjahren aus Paris in sein Heimatdorf Rüsselsheim zurückkehrt, bringt er viele neue Ideen mit. Er beginnt im Kuhstall seines Onkels, Nähmaschinen zu bauen. Die Schneider aus der Umgebung sind seine ersten Kunden.

1869 nimmt er seine 15 PS-Dampfmaschine in Betrieb. Er beschäftigt jetzt in seiner Fabrik 40 Arbeiter. Nähmaschinen sind sehr gefragt, denn die Schneider haben gut zu tun: Die Kriege von 1866 und 1870/71 vervielfachen die Nachfrage nach Uniformen.

1884 baut Opel mit 250 Arbeitern 15 000 Nähmaschinen, 1911 ist die millionste Nähmaschine erreicht, aber ein Großbrand vernichtet einen Teil der Fabrikgebäude. Opel gibt die Nähmaschinenproduktion auf und verlegt sich ganz auf die Fahrradherstellung. Die Radsportbegeisterung seiner fünf Söhne hat Fritz Opel dazu angeregt. 1890 werden 2 000 Räder gebaut, um 1900 sind es bereits 15 000 pro Jahr. In der Folge steigt Opel mit einer Jahresproduktion von über 300 000 Rädern zu einem der größten Fahrradhersteller der Welt auf.

1937 wird auch diese Produktion eingestellt. Opel hat 2,5 Mio. Räder produziert, setzt jetzt aber ganz auf den Automobilbau. 1898 hat Opel bereits sein erstes Auto gebaut. Es ist zu dieser Zeit ein außergewöhnlicher Luxusgegenstand. Erst der 1. Weltkrieg bringt einen Durchbruch in der Motorisierung. 1924 wird bei Opel nach amerikanischem Vorbild die Fließbandproduktion aufgenommen. 1928 übernimmt der amerikanische Autokonzern General Motors die Aktienmehrheit der Opelwerke. 1935 ist Opel in Rüsselsheim die größte Autofabrik auf deutschem Boden.

1862 zählt die Gemeinde Rüsselsheim 800 Einwohner, 1978 sind es 56 000. Das Werk erreicht den Höchststand von 42 000 Beschäftigten, davon sind knapp 13 000 Gastarbeiter.

Aufgaben:

1. Erstelle eine Zeitleiste, die die Produktionsentwicklung der Opelwerke wiedergibt.

2. Welche Probleme ergeben sich aus 42 000 Beschäftigten bei einer Ortsgröße von 56 000?

| M 3.2b | Standortfaktoren für Autofabriken in der Nachkriegszeit |

Die Stammwerke wie Opel in Rüsselsheim gründeten in den sechziger Jahren Zweigwerke, da nicht mehr genügend Arbeitskräfte im Umland der Fabrik verfügbar waren.

Dabei war es entscheidend, daß in der Pkw-Produktion großenteils Hilfs- und angelernte Arbeitskräfte beschäftigt werden konnten. Die Suche nach Arbeitskräften bestimmte damit die Standortwahl. Öffentliche Fördermaßnahmen unterstützten den Bau der Werke in industriellen "Krisengebieten". Opel in der früheren Bergbaustadt Bochum, VW in Salzgitter-Watenstedt, Ford in Saarlouis oder Daimler-Benz in Bremen sind Beispiele hierfür.

Produktionsstätten von Automobilfabriken in der Bundesrepublik Deutschland

Beispiel: Daimler-Benz und Volkswagen

M 3.3

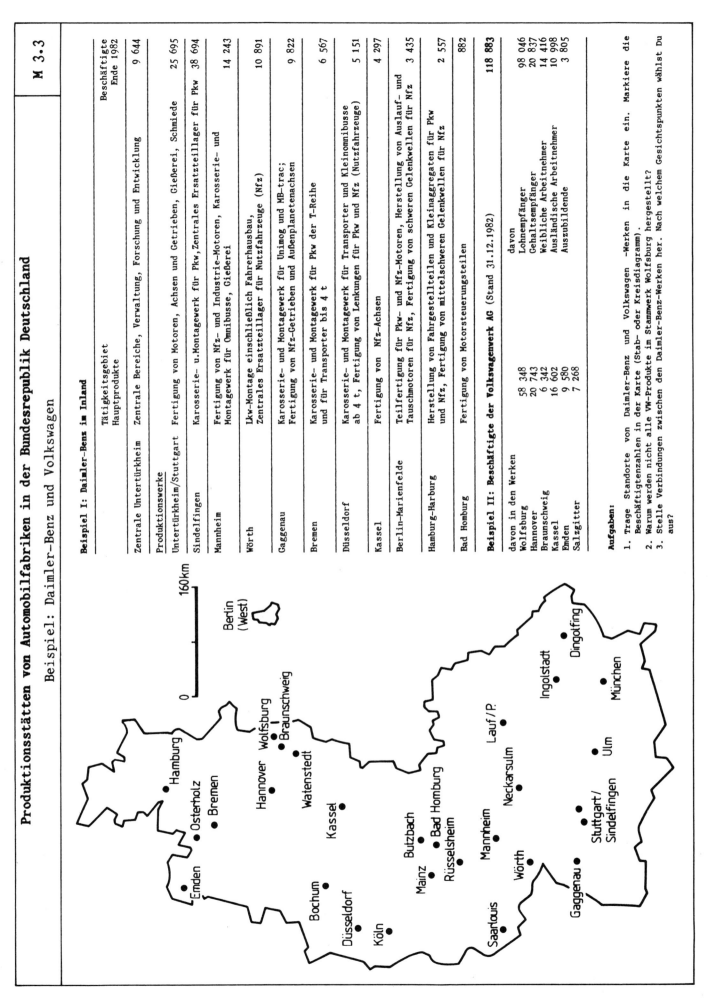

Beispiel I: Daimler-Benz im Inland

	Tätigkeitsgebiet Hauptprodukte	Beschäftigte Ende 1982
Zentrale Untertürkheim	Zentrale Bereiche, Verwaltung, Forschung und Entwicklung	9 644
Produktionswerke		
Untertürkheim/Stuttgart	Fertigung von Motoren, Achsen und Getrieben, Gießerei, Schmiede	25 695
Sindelfingen	Karosserie- u.Montagewerk für Pkw, Zentrales Ersatzteillager für Pkw	38 694
Mannheim	Fertigung von Nfz- und Industrie-Motoren, Karosserie- und Montagewerk für Omnibusse, Gießerei	14 243
Wörth	Lkw-Montage einschließlich Fahrerhausbau, Zentrales Ersatzteillager für Nutzfahrzeuge (Nfz)	10 891
Gaggenau	Karosserie- und Montagewerk für Unimog und MB-trac; Fertigung von Nfz-Getrieben und Außenplanetenachsen	9 822
Bremen	Karosserie- und Montagewerk für Pkw der T-Reihe und für Transporter bis 4 t	6 567
Düsseldorf	Karosserie- und Montagewerk für Transporter und Kleinomnibusse ab 4 t, Fertigung von Lenkungen für Pkw und Nfz (Nutzfahrzeuge)	5 151
Kassel	Fertigung von Nfz-Achsen	4 297
Berlin-Marienfelde	Teilfertigung für Pkw- und Nfz-Motoren, Herstellung von Auslauf- und Tauschmotoren für Nfz, Fertigung von schweren Gelenkwellen für Nfz	3 435
Hamburg-Harburg	Herstellung von Fahrgestellteilen und Kleinaggregaten für Pkw und Nfz, Fertigung von mittelschweren Gelenkwellen für Nfz	2 557
Bad Homburg	Fertigung von Motorsteuerungsteilen	882

Beispiel II: Beschäftigte des Volkswagenwerk AG (Stand 31.12.1982)

davon in den Werken		davon	
Wolfsburg	58 348		118 883
Hannover	20 743	Lohnempfänger	98 046
Braunschweig	6 342	Gehaltsempfänger	20 837
Kassel	16 602	Weibliche Arbeitnehmer	14 416
Emden	9 580	Ausländische Arbeitnehmer	10 998
Salzgitter	7 268	Auszubildende	3 805

Aufgaben:

1. Trage Standorte von Daimler-Benz und Volkswagen -Werken in die Karte ein. Markiere die Beschäftigtenzahlen in der Karte (Stab- oder Kreisdiagramm).
2. Warum werden nicht alle VW-Produkte im Stammwerk Wolfsburg hergestellt?
3. Stelle Verbindungen zwischen den Daimler-Benz-Werken her. Nach welchem Gesichtspunkten wählst Du aus?

| M 3.4 | Zulieferindustrie: Beispiel Stahl |

Die Hoesch-Werke AG/Dortmund informiert in einer Anzeige:
"Seit vielen Jahrzehnten besteht zwischen der Automobilindustrie und uns eine enge Zusammenarbeit. So konnten immer wieder entsprechend den neuen Fahrzeugtechnologien und der Formgebung neue und bessere Stahlsorten, Stahlverarbeitungstechniken und Spezialerzeugnisse entwickelt werden.
Die Produktskala beginnt bei hochwertigen Stahlblechen für den Autokarosseriebau, Schmiede- und Gußteilen und endet bei einem breiten Federangebot. Die jüngste Entwicklung, die Miniblockfeder, führte im Kraftfahrzeugbau zu extrem niedrigen Bauhöhen und optimaler Raumausnutzung.
Insbesondere die Erforschung neuartiger, korrosionsgeschützter Feinbleche gaben der Weiterentwicklung im Automobilbau neue Impulse".
Hoesch-Werke gibt es in der BR Deutschland in Dortmund, Hagen, Siegen und Hamm.

Aufgaben:

1. Aus der Anzeige geht hervor, weshalb Automobilfabriken Zulieferer benötigen. Begründe!
2. Suche die Standorte der Hoesch AG in der Bundesrepublik aus. Benenne Transportwege zum VW-Stammwerk Wolfsburg. Hier werden pro Arbeitstag bis zu 2 000 t Feinbleche entladen. Diese sind das Rohmaterial für über 5 000 Karosserien.
3. Welche Materialien können den Stahl im Automobilbau ersetzen? Bedenken den Gesichtspunkt der Gewichts = Energieersparnis.

| M 3.5 | Zulieferindustrie: Beispiel VW |

Die Volkswagen AG hat für die fünf Werke in der Bundesrepublik 8 250 inländische und 750 ausländische Zulieferfirmen.
90 % dieser Firmen sind **mittelständische Betriebe** mit weniger als 2 000 Beschäftigten; sie liefern knapp die Hälfte der Bestellungen.
Etwa 130 000 Mitarbeiter werden in der Zulieferindustrie allein durch Aufträge der VW-Werke beschäftigt.
VW ist der größte Einzeleinkäufer der Bundesrepublik.
1980 wurden u.a. gekauft:

890 000 t	Stahl
52 000 t	Aluminium (für die Motorblöcke)
9 000 t	Magnesium
7,0 Mio	Reifen
8,0 Mio	Motorkolben
1,4 Mio	Batterien

Der %-Anteil einiger Zulieferindustrien bei VW betrug 1980:

Anteil	Branche
14,4 %	Kraftfahrzeugzubehör
14,0 %	Straßenfahrzeugbau
13,0 %	Elektronik
9,5 %	Maschinen, Präzisionswerkzeuge
8,4 %	Eisen- und Stahlerzeugung
.	
.	
.	
3,2 %	Kunststoffe
1,1 %	Leder, Textil

| M 3.6 | Zulieferindustrie und Organisation: Beispiel Daimler-Benz |

Bei der Daimler-Benz AG werden täglich auf 2 000 LKW's und Waggons 11 800 t Material angeliefert. Rund 220 000 verschiedene für die Serienproduktion auf Lager gehaltene Teile stellen hohe Anforderungen an den reibungslosen **Materialfluß**. Moderne Informationstechniken sind unerläßlich.
Das Ersatzteilsortiment umfaßt mehr als 300 000 Positionen für über 5 000 Baumuster bei 30 000 Varianten.

M 3.7 Automobilproduktion in der Bundesrepublik Deutschland 1970 – 1983

insgesamt: 384 / 398 / 382 / 395 / 365 / 310 / 319 / 387 / 388 / 390 / 389 / 388 / 376 / 388
davon Nutzfahrzeuge: 353 / 370 / 352 / 4,19 / 4,25 / 4,10 / 4,06 / 4,17
Pkw u. Kombi in Mio

Exportanteil bei Pkw und Kombi in %: 58,1 / 59,5 / 60,1 / 55,2 / 54,7 / 50,8 / 51,8 / 51,1 / 48,9 / 50,8 / 53,2 / 54,5 / 58,3 / 56,6

1970 71 72 73 74 75 76 77 78 79 80 81 82 83

1) Okt. 1973: Israelisch-arabischer Konflikt ≙ 1. Ölkrise
2) Juli 1979: Sturz des Schahs von Persien ≙ 2. Ölkrise

Aufgaben:
1. Versuche Schwankungen der Autoproduktion und ihre Auswirkungen zu erklären.
2. Welche Folgen hat der hohe Exportanteil für die Autofirmen und ihre Beschäftigten?
3. Ergänze das Schaubild: Autoproduktion 1984 – 1986:

Insgesamt: 1984: 4,04 Mio   1985: 4,45 Mio   1986: 4,60 Mio
davon Pkw u. Kombi: 1984: 3,79 Mio   1985: 4,17 Mio   1986: 4,31 Mio

M 3.8 Motorisierungsgrad in der Bundesrepublik Deutschland

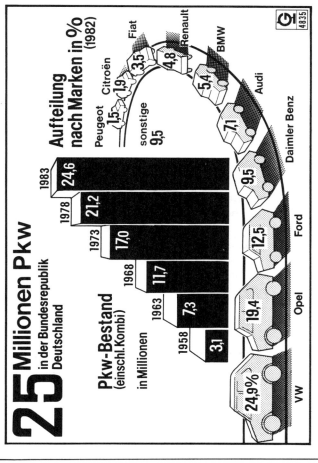

25 Millionen Pkw in der Bundesrepublik Deutschland

Pkw-Bestand (einschl. Kombi) in Millionen:
1958: 3,1 / 1963: 7,3 / 1968: 11,7 / 1973: 17,0 / 1978: 21,2 / 1983: 24,6

Aufteilung nach Marken in % (1982):
Peugeot 1,5 / Citroën 1,9 / Fiat 3,5 / Renault 4,8 / BMW 5,4 / sonstige 9,5 / Audi 7,1 / Daimler Benz 9,5 / Ford 12,5 / Opel 19,4 / VW 24,9%

Aufgaben:
1. Benenne die Ursachen für die schnelle Zunahme des PKW-Bestandes.
2. Nur wenige Autokonzerne beherrschen den Markt. Woran liegt das?
3. Woher stammen hauptsächlich die Importautos? Was verbirgt sich hinter den "sonstigen Marken"?
4. In der Bundesrepublik leben etwa 61,5 Mio. Menschen. Wie viele teilten sich 1983 - rein rechnerisch - ein Auto? Etwa 25 % der Bevölkerung ist unter 18 Jahren - etwa 15 % über 65 Jahre. Beziehe diese Werte in Deine Berechnungen mit ein.

M 3.9 Produktion und Beschäftigung in der deutschen Autoindustrie

Jahr	Personenwagen in 1000	Nutzfahrzeuge* in 1000	Beschäftigte** in 1000
1973	3650	299	740
1974	2840	260	703
1975	2908	278	689
1976	3547	321	721
1977	3791	314	754
1978	3890	296	775
1979	3933	317	800
1980	3521	358	789
1981	3578	319	789
1982	3761	301	782
1986	4310	257	724

* Lastwagen und Busse
** einschließlich Zulieferer und Reparatur

Aufgaben:
1. Stelle die Personenwagen und Nutzfahrzeuge-Produktion graphisch dar. Welche Darstellungsmöglichkeiten kennst Du? Vergleiche im Atlas.
2. Setze zu den Produktionszahlen die Beschäftigungszahlen in Verbindung. Was fällt Dir auf? Kannst Du es erklären?

M 3.10	Wolfsburg Halle 54: Roboter bauen Autos

Sieht so die Autofabrik der Zukunft aus? In Halle 54 des VW-Werkes in Wolfsburg arbeiten wie von Geisterhand gesteuert Roboter an den auf Fließbändern herangleitenden Wagenrohlingen des "Golf II". Sie bauen Motoren ein, stellen die Autobatterie an den richtigen Platz, ziehen Schrauben an, befestigen den Kunststoffbenzintank und die dazugehörigen Leitungen, setzen das Armaturenbrett ein und befestigen Bremsen und Räder so exakt, daß eine Spurkontrolle überflüssig wird.

550 Mio. DM hat VW für den Bau der Einrichtung der Halle 54 ausgegeben. 1 000 Mitarbeiter der Produktion des alten "Golf" wurden eingespart und arbeiten jetzt an anderen Plätzen des Werkes. Sie wurden "umgesetzt".

"Um international konkurrenzfähig zu bleiben, muß man sich der modernen Produktionstechniken bedienen", das ist die Überzeugung der Verantwortlichen bei Volkswagen, und weiter: "Bei den Anlagen sind wir bestrebt, die Arbeitsplätze nach modernsten Erkenntnissen zu gestalten und unsere Mitarbeiter von schwerer körperlicher und monotoner Arbeit so weit wie möglich zu entlasten".

M 3.12	Die Zukunft der deutschen Automobilindustrie – Beschäftigung heute und morgen?

1973 waren die Autos technisch einfacher. Scheibenbremsen waren damals z.B. ein "Extra", heute sind sie eine Selbstverständlichkeit, ebenso der Drei-Punkt-Sicherheitsgurt.

Früher bestand ein Auto wie der VW-Käfer aus etwa 5 000 Einzelteilen, heute werden bis zu 10 000 Teile verarbeitet.

Immer weniger Kunden kaufen die Standardausführung; Zusatzausstattungen schaffen Arbeit.

Die Forschungs- und Entwicklungsabteilungen wurden vergrößert, um neue sparsame Modelle zu konstruieren.

Durch die starke Automation wurden zahlreiche Arbeitsplätze wegrationalisiert. Zugleich sank durch neue Pausenregelung und längere Urlaubszeit (30 Tage gegenüber 24 Tagen im Jahre 1972) die Jahresarbeitszeit und sicherte damit Beschäftigung. Nach Berechnungen des Verbandes der Autoindustrie gingen seit 1970 die tatsächlich geleisteten Arbeitsstunden um etwa 1 % pro Jahr zurück.

Aufgaben:
1. Fasse die Hauptaussagen stichwortartig zusammen.
2. Vergleiche mit der Statistik Produktion und Beschäftigung 1973 - 1986 (M 3.9).

Entwicklung und Produktion von Autos: Beispiel VW-Golf

M 3.11

48 Monate: So entsteht ein Auto (am Beispiel des Golf)

1. Phase — Definitionsphase bis zur Genehmigung des Zielkatalogs
Dauer 3 Monate

2. Phase — Vorentwicklungsphase bis zur Genehmigung des Lastenheftes I
Dauer 4 Monate
Modelle 1:4
Sitzkiste 1:1

3. Phase — Prototypphase bis zur Genehmigung des Lastenheftes II
Dauer 6 Monate
Prototypen Einzelanfertigung

4. Phase — Planungsphase
Ermittlung des Bedarfs an Werkzeug- und Produktions-Maschinen. Festlegung der Fertigungszeiten. Kostenanalysen etc.
Dauer 5 Monate

5. Phase — Beschaffungsphase bis zur Nullserie
Prod.-Maschinen und Werkzeuge werden beschafft. Zulieferungen werden bestellt.
Dauer 22 Monate

6. Phase — Nullserienphase bis zum Serienablauf
Dauer 8 Monate

Serienproduktion

Presswerk → Unterzusammenbau → Rohbau → Lackiererei → Fertigmontage → Endmontage → Endkontrolle → Auslieferung

- Motor-Fertigung
- Getriebe-Fertigung
- Komponenten-Fertigung (z.B. Vorderachse, z.B. Hinterachse)

Aufgaben:

1. Erläutere die Phasen der Entstehung eines Autos mit eigenen Worten.
1a. Welche Vorüberlegungen werden in der 1. Phase getroffen?
1b. Was verstehst Du unter einer Nullserie?
2. Warum gibt es nur noch wenige große Autofirmen?

Merke:

Im Automobilbau finden fast alle gebräuchlichen Werkstoffe Verwendung. Dies beginnt mit Stahl, dem wichtigsten Werkstoff, und geht über die Nichteisenmetalle – z.B. Aluminium, Kupfer, Nickel – bis zu Kunststoffen, Gummi und Glas. Aus Stahl bestehen alle wichtigen tragenden und hochbeanspruchten Teile des Automobils, da sich dieser Werkstoff wie kein anderer an die jeweilige Aufgabe anpassen läßt.
Die wesentlichen, den Charakter eines Automobils prägenden Baugruppen – Karosserie, Motor, Getriebe, Fahrwerk – werden allgemein in der Automobilfabrik gefertigt.

| M 3.13 | Die Zukunft des Automobils in der Bundesrepublik Deutschland |

Alternativen für das Auto sind zur Zeit noch nicht in Sicht, die Auswirkungen der beiden Ölkrisen scheinen gemeistert zu sein, die Ölvorräte zumindest für die nächsten 30 – 35 Jahre (Stand 1988) gesichert. Bedingt durch immer neue Funde liegt diese statistische Reichweite der Welt-Ölreserven damit um 10 Jahre über den Prognosen aus den 50er Jahren. Mineralölverteuerung, Verkehrssicherheit und Umweltprobleme werden bei der Konstruktion neuer Autos immer mehr bedacht. Bei gleicher Leistung sollen die Wagen sparsamer, leiser, sicherer, wartungsfreundlicher und umweltschonender werden. Die verarbeiteten Werkstoffe sollen möglichst wiederverwendbar sein (siehe M 3.15). Gleichzeitig werden Leichtbaumaterialien wie Aluminium und glasfaserverstärkte Kunststoffe noch mehr Verwendung finden. Mit ihnen kann das Gewicht des Fahrzeuges erheblich gesenkt und damit Kraftstoff gespart werden. Neue Werkstoffverwendungen verlangen neue Fertigungstechniken. Auch deshalb werden die Ausgaben für Forschung und Entwicklung weiterhin hoch bleiben.

Der weltweite Wettbewerb zwingt zu weiterer Rationalisierung; noch mehr Roboter werden im Automobilbau eingesetzt werden. Damit werden sich die Anforderungen an die berufliche Qualifikation der Beschäftigten weiter erhöhen, die Bedeutung der fachlichen Weiterbildung noch weiter steigen.

Der Individualverkehr wird auch in Zukunft mit über 80 % Anteil am gesamten Personenverkehr eine beherrschende Rolle spielen.

Der weitere, zielstrebige Ausbau des öffentlichen Personennahverkehrs scheint aufgrund der "leeren Kassen in den Rathäusern" wenig wahrscheinlich. Wenn das Angebot aber nicht verbessert werden kann, dann werden kaum Autofahrer in den Bus umsteigen – es sei denn, das Autofahren verteuert sich abermals ganz erheblich.

Zwischen 1970 und 1983 hat der Bestand an PKW's und Kombis in der Bundesrepublik um mehr als zwei Drittel auf über 27 Mio. zugenommen. Hinzu kommen fast 1,5 Mio. Nutzfahrzeuge. Die Bundesrepublik ist damit das Land mit der größten **Motorisierungsdichte** in Europa. Bereits 1981 kamen auf 1 000 Einwohner etwa 410 Fahrzeuge, das entspricht 2,6 Einwohnern pro Fahrzeug.

Aufgabe:
Wie beurteilst Du die Wachstumschancen der deutschen Automobilindustrie?

| M 3.14 | Gesamtwirtschaftliche Bedeutung der Automobilindustrie |

Außenhandel mit Kraftfahrzeugen
Mrd DM: Kfz-Ausfuhr in Mrd DM / Öl-Ausgaben (brutto) in Mrd DM / Ölimport Öleinfuhren in Mill t

1973: 27,5 / 7,1 / 15 / 152
1978: 45,8 / 15,3 / 43 / 142
1979: 51,8 / 16,3 / 49 / 149
1980: 54,9 / 16,0 / 65 / 114
1981: 64,1 / 17,0 / 72 / 109
1982: 75,0 / 17,3 / 69 / 62

Kfz-Ausfuhrüberschuß: 20,4 / 30,5 / 35,5 / 38,9 / 47,1 / 57,7
Öl-Ausgaben (nach Abzug der Ölausfuhren) in Mrd DM: 13 / 30 / 45 / 59 / 65 / 62

Aufgaben:
1. Beschreibe den Aufbau der beiden Tabellen.
2. Erläutere Auffälligkeiten und Tendenzen.
3. Setze die Autoexporte und die Ölimporte zueinander in Verbindung.
4. Informiere Dich, z.B. bei einer Tankstelle, wie sich der Benzinpreis in den letzten Jahren entwickelt hat.

| M 3.15 | Rohstoff-Rückgewinnung: Automobilbau mit hoher Wiederverwendungsquote |

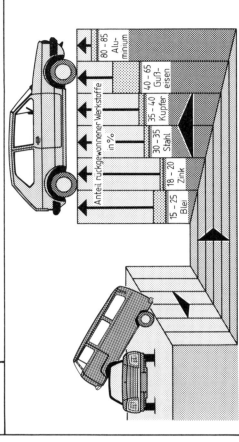

Anteil rückgewonnener Werkstoffe in %:
- 15 – 25 Blei
- 18 – 20 Zink
- 30 – 35 Stahl
- 35 – 40 Kupfer
- 40 – 65 Gußeisen
- 80 – 85 Aluminium

In den 2 500 Sammelstellen der Bundesrepublik werden jährlich 1,5 bis 2 Mio. alte Autokarossen verwertet. Die so wiedergewonnenen Rohstoffe helfen die Einfuhr zu verringern.

Autowerbung aus dem Jahre 1898 Daimler-Motor-Kutsche	M 3.16

"Die Daimler-Motorkutsche zum Befahren der Strassen mit Benzinmotorkraft, an Stelle der Pferdebespannung, ist seit den ersten Ausführungen, welche auf das Jahr 1895 zurückgehen, in ihrer jetzigen Konstruktion zur vollkommensten und besten Type dieser Art von Automobilen Strassenfahrzeugen gediehen."
Aus der "Beschreibung der Gesammt-Einrichtung der Motor-Kutschen":
Betriebsmaterial: ...Der (Benzin-)Verbrauch ist je nach Größe des Motors durchschnittlich 0,36 bis 0,45 Kg. pro Stunde und Pferdekraft... Die Art und Weise, wie das aus Benzin gebildete Gas in der Maschine wirkt und arbeitet, schließt jede Gefahr aus; das Betriebsmaterial bleibt in geschlossenen, metallenen Behältern, von welchen aus die Maschine sich selbsttätig versorgt; eine Explosionsgefahr kann nicht eintreten. (...)
Leistungsfähigkeit: Die Motoren werden in der Regel für Geschwindigkeiten von 5 bis 25 Kilometer pro Stunde eingerichtet und können damit Steigungen bis zu 15 % genommen werden. (...)
Wagenpreise:

| 2 sitziger Wagen mit Kindersitz vis-à-vis mit 2 HP-Motor: M. 3800.- | 4 sitziger Wagen vis-à-vis mit 4 HP-Motor: M. 4800.- | 6 sitziger Landauer mit 6 HP-Motor: M. 7 000.- |  |

Ausrüstung: Die Motorwagen kommen in eleganter Ausstattung, wie solche bei Equipagen üblich ist, vollständig betriebsfertig zur Auslieferung. Sämtliche Teile werden aus dem besten Material, die Polsterung aus Tuch oder Leder je nach Wunsch hergestellt.
Gratisbeigaben: 2 Laternen, 5 Gabelschlüssel, 5 Kanonenschlüssel, 1 Radmutterschlüssel, 1 Zündhutschlüssel, 1 Flachzange, 1 Feile, 2 Andrehkurbeln, 1 Anwärmer, 1 Handluftpumpe, 1 Schmierölkanne, 1 Signalhupe, 2 Reserve-Zahngetriebe, 1 Wasserschlauch, 1 Riemenlocher, 2 Treibriemen à 2,40 m lang... (...) Cannstatt, Juli 1898. Daimler-Motoren-Gesellschaft"

Autowerbung aus dem Jahre 1955	M 3.17

LLOYD 1956
Motorisierung nach Maß

Aus 8 verschiedenen Grundtypen in vielerlei Farbkombinationen wählen Sie IHREN Wagen als Ausdruck IHRER Persönlichkeit. Ein LLOYD ist so leistungsfähig, zuverlässig und wirtschaftlich wie der andere. Der extrem niedrige Preis von **DM 3 350,-** eröffnet die Reihe der echten vollwertigen Automobile, deren Fahrkomfort und technische Ausrüstung jedem Wunsch gerecht wird.

Auch das Modell 1956 des bewährten LP 400, der mit den hunderttausendfach erprobten LLOYD-Zweizylinder-Zweitaktmotor ausgerüstet ist, wird serienmäßig ohne Aufpreis mit Klima- und Defrosteranlage sowie Kunstschaumpolstern mit verstellbarer Rückenlehne geliefert. Der Wagen kostet monatlich nur DM 4,80 an Steuern und DM 7,50 an Versicherungsprämie.

LP 400 DM 3350,-
LS 400 DM 3480,-
LC 400 DM 3680,-
LP 600 DM 3680,-
LS 600 DM 3790,-
LC 600 DM 3980,-
LT 600 DM 4350,-
LT/K 600 DM 4150,-

Der neue LLOYD LP 600 mit dem luftgekühlten, kopfgesteuerten 600-ccm-LLOYD-Viertaktmotor hat eine echte Spitze von 95 Std./km. (Autobahngeschwindigkeit 90 Std./km). Kraftstoff-Normverbrauch 5,5 Liter auf 100 km.

Aufgaben:
1. Vergleiche die Autowerbung von 1898 und 1955 mit heutiger Werbung.
2. Sprich über den Fortschritt im Automobilbau der letzten 90 Jahre.

M 4.1	Singapur im Jahre 1965

Nach zweijähriger Zugehörigkeit zur Föderation (Staatenbund) von Malaysia ist Singapur 1965 ein selbständiger Staat geworden. Doch zahlreiche Probleme bedrücken den aus Hauptinsel und ca. 40 kleinen küstennahen Inseln bestehenden Ministaat von 616 km² (zum Vergleich: West-Berlin: 480 km²):
- Es gibt keine Bodenschätze oder wichtige Rohstoffe (nur Steine werden in einigen Steinbrüchen gebrochen).
- Die Bevölkerungsdichte liegt bei 4 100 E/km² (zum Vergleich: Malaysia: 42 E/km²; BR Deutschland: 245 E/km²)
- Die Einwohnerzahl liegt bei ca. 2 Mio. (davon fast 80 % Chinesen, ca. 15 % Malaien). Zum Vergleich: Bevölkerungszahl 1985: 2.6 Mio.E. (76,9 % Chinesen, 14,6 % Malaien, 6,4 % Inder, 2,1 % Sonstige; ca. 34 % der Bevölkerung war unter 20 Jahre alt).
- Durch ein starkes Bevölkerungswachstum von durchschnittlich 40°/oo (1970 "nur" 17°/oo) bedingt, warten viele Arbeitskräfte auf einen Arbeitsplatz.
- Aber Arbeitsplätze sind knapp:
  Die in der Kolonialzeit (Singapur wurde 1819 als britischer Stützpunkt gegründet) entstandenen Handels-, Freihafen- und Stützpunktfunktionen gingen nach dem Abzug der britischen Truppen z.T. zurück.
  Im Bereich "Landwirtschaft und Fischerei" finden nur ca. 23 000 Menschen (= 3,5 % aller Beschäftigten) einen Arbeitsplatz.

Die Regierung sieht in der Schaffung leistungsfähiger Industrien den entscheidenden Weg, den wirtschaftlichen Aufschwung und hochwertige Arbeitsplätze zu schaffen.

Aufgabe:
Überlege, was die Regierung Singapurs 1965 hätte tun sollen, um ihr angestrebtes Ziel einer schnellen Industrialisierung zu erreichen. Denke auch über folgende Fragen nach: Wer sollte investieren? Welche Branchen waren erwünscht? Wie sollte die neue Industrie auf der (den) Inseln(n) verteilt werden?

M 4.3	Lohnkosten und Lohnnebenkosten

Durchschnittliche Stundenlöhne in der Industrie Singapurs (in DM)

	1978	1979	1980	1981
Gelernte Arbeitskräfte (z.B. Schweißer, Feinmechaniker, Werkzeugmacher)	1,70	2,05	2,45	2,95
Angelernte Arbeitskräfte (Montage- und Maschinenarbeiter)	1,20	1,45	1,75	2,10
Ungelernte Arbeitskräfte (z.B. Gärtner-, Lager- oder Hilfsarbeiter)	1,00	1,20	1,45	1,75

Die Lohnnebenkosten (z.B. Urlaubsgeld, Arbeitgeberzuschüsse zu Versicherungen) betragen etwa 36 % des Stundenlohnes (in der Bundesrepublik Deutschland dagegen ca. 80 %).

Zum Vergleich:

Malaysia : Durchschnittslohn: 4,50 bis 7,00 DM/Tag
Sri Lanka: Durchschnittslohn: 2,00 DM/Tag

Aufgaben:
Informiere Dich über die durchschnittlichen Stundenlöhne eines Industriearbeiters in der Bundesrepublik Deutschland.
Vergleiche und äußere Dich zu den Auswirkungen der Lohn- und Lohnnebenkosten auf dem Industriestandort Singapur.

Standortbedingungen für die Industrie in Singapur	M 4.2

Die Wirtschaftsentwicklungsbehörde des Stadtstaates Singapur versuchte erfolgreich, ausländische Unternehmen (Investoren) u.a. mit folgenden Argumenten anzuwerben: (Lies zuerst die Aufgabe 1)

1. Singapur zeichnet sich durch eine strategisch günstige Lage im Schnittpunkt der Handels- und Verkehrsverbindungen Südasiens aus.

2. Singapur ist das Schaufenster Südostasiens für Waren und Dienstleistungen.

3. Unternehmen mit einem Produktionswerk in Singapur können Aufträge aus den asiatischen Ländern schneller erledigen und ihren Kunden in Asien einen besseren und schnelleren Ersatzteil- und Wartungsdienst bieten.

4. Als regionales Zentrum der technischen Produktion ist Singapur in der Lage, die notwendigen Erfahrungen, Arbeitskräfte und Einrichtungen für hochentwickelte Industrien bereitzustellen, um deren Produktion den jeweiligen Verhältnissen in Südostasien anzupassen.

5. Singapur bietet im Rahmen seines Exportförderungsprogrammes viele Vorteile.

6. In Singapur hergestellte Erzeugnisse können zollvergünstigt, großteils sogar zollfrei, in die USA, die EG-Länder, Japan, Australien, Kanada, Neuseeland, Schweiz, Norwegen, Schweden und verschiedene andere osteuropäische Länder eingeführt werden.

Aufgaben:

1. a) Stelle in einer Tabelle die genannten Standortvorteile zusammen.

   b) Beurteile Argument 1 mit Hilfe geeigneter Atlaskarten.

   c) Diskutiert über die Richtigkeit der Argumente.

2. Oft ist es besonders wichtig, auf **die** Argumente zu achten, die **nicht** genannt worden sind. Über welche Standortvoraussetzungen muß z.B. ein deutsches Unternehmen außerdem genaue Informationen haben, bevor es sich entschließt, in Singapur ein Werk zu bauen (vgl. dazu M 4.3).

M 4.4	Die wichtigsten Handelspartner Singapurs			
Staat bzw. Staatengruppe	Import Singapurs (in Mio. S$) 1970	1980	Export Singapurs (in Mio. S$) 1970	1980
Gesamteinfuhr	7 533,8	51 344,8	4 755,8	41 452,3
darunter aus:				
EG gesamt	1 172,0	5 538,7	740,04	4 833,9
Bundesrepublik Deutschland	253,2	1 677,1	136,2	1 247,0
Großbritannien	569,1	1 771,2	324,5	1 069,2
Japan	1 458,0	9 162,4	361,5	3 338,3
USA	814,8	7 237,2	527,3	5 272,0
Malaysia	1 403,5	7 115,6	1 039,7	6 218,0
Saudi-Arabien	79,4	6 412,3	12,2	824,6
Hongkong	188,5	1 055,1	194,0	3 195,9
Thailand	149,4	1 019,0	156,8	1 809,3

Wechselkurse: 1970: 1 S$ (Singapur-Dollar) ≙ 0,85 DM   1980: 1 S$ (Singapur-Dollar) ≙ 1,07 DM

Aufgaben:
1. Stelle zusammen, aus welchen Staaten Singapur die meisten Güter einführt (Import). Bei welchen Staaten hat sich der Wert von 1970 bis 1980 stark erhöht? Um welche Hauptprodukte wird es sich jeweils handeln (beachte M 4.5, wo Du die wichtigsten Güter findest)?
2. Führe die gleiche Aufgabe für den Export durch. Erkennst Du Zusammenhänge zwischen Import- und Exportdaten Singapurs?

M 4.5	Wichtige Güter der Einfuhr nach (der Ausfuhr aus) Singapur (1981)		
Erzeugnis		in Mio. S$	in % der Gesamteinfuhr
a) Einfuhr			
Rohöl		17 474,6	30,0 %
Maschinen, Anlagen, Industrieausrüstungen		10 072,2	17,3 %
Erdölprodukte		2 344,5	4,0 %
Rohkautschuk		1 650,8	2,8 %
Ausrüstungen für die Nachrichtentechnik		1 446,1	2,5 %
Textilien		1 279,4	2,2 %
Kraftfahrzeuge		1 264,5	2,2 %
Stahlerzeugnisse		1 242,7	2,1 %
b) Ausfuhr			
Erdölprodukte		13 953,5	31,5 %
Maschinen, Anlagen, Industrieausrüstungen		5 151,4	11,6 %
Ausrüstungen für die Nachrichtentechnik		2 642,5	6,0 %
Rohkautschuk		2 454,9	5,5 %
Schiffe und Boote		1 137,7	2,6 %
Bekleidung (ohne Pelze)		990,1	2,2 %

Aufgaben:
1. a) Stelle fest, welches der angeführten Güter finanziell die größte Rolle spielt.
   b) Welche industrielle Verarbeitung geschieht damit in Singapur?
2. Vermute, aus welchen Ländern die folgenden Güter hauptsächlich importiert werden (vgl. M 4.4): Kautschuk, Kraftfahrzeuge.
3. Welche Exportgüter zeigen Dir deutlich, daß Singapur eigentlich kein typisches Entwicklungsland mehr ist, sondern ein technologisch fortgeschrittenes Schwellenland auf dem Wege zur Industrienation? Begründe!

M 4.7

Singapur: Stadtkarte als Kopiervorlage

——	Hauptstraße
—+—	Eisenbahn
····	Wasserleitung
—·—	Staatsgrenze
⚓	Hafen
■	Raffinerie
	Flughafen
	Siedlungsfläche
	Zentrumsbereich
	Industriefläche, bebaut
	Industriefläche im Bau oder geplant
	Neulandgewinnung
	Wasserfläche
	Wasserschutzgebiet

0 1 2 3 4 5 km

Labels on map: P. Tekong, P. Ubin, Changi Airport, Singapur, Sentosa, P. Sebarok, P. Bukum, B. Bukum Kechil, P. Busing, P. Semakau, P. Sudong, P. Pawai, P. Senang, P. Pesek, P. Merlimau, P. Mesemut Laut, P. Mesemut Darat, P. Seraya, P. Bakau, P. Ayer Merbau, P. Sakra, P. Ayer Chawan, Jurong, Tuas, MALAYSIA / SINGAPUR, SINGAPUR / INDONESIEN

M 4.8	**Jurong Industriekomplex (Jourong Industrial Estate)** **Singapurs größte Industriezone**

Hauptziel der Regierung nach dem 2. Weltkrieg war die Schaffung neuer Arbeitsplätze für die stark gestiegene Bevölkerung (vgl. M 4.1) durch neue leistungsfähige Industriebetriebe. Es gab bis dahin nur kleinere chinesische Gewerbebetriebe in der eng bebauten Innenstadt, Schiffsreparaturwerften, Ölraffinerien und Verarbeitungsindustrien im Hafenbereich, die importierte Rohstoffe weiterverarbeiteten. Wegen der Standortvorteile und der staatlichen Hilfen (vgl. M 4.2 und M 4.3) bestand eine steigende Nachfrage nach geeignetem Industriegelände.

Um genügend Platz zu haben und um die Stadt mit Umweltproblemen nicht noch weiter zu belasten, wurde im südwestlichen Teil der Insel ein ca. 3 000 ha großes Gebiet erschlossen, auf dem der Industriekomplex Jurong mit eigenen Industriehafenanlagen und einer neuen Wohnstadt (Jurong Town) entstand.

Eine 1968 neu gegründete Entwicklungsgesellschaft (Jurong Town Corporation) übernahm Entwicklungsaufgaben für alle vom Staat neu geschaffenen Industriezonen. Jurong blieb zusammen mit den südlichen Inseln bis heute wichtiger als die übrigen 22 neuen Industriegebiete (vgl. M 4.7). Auch die 12 weiteren (vgl. M 4.7) im Bau oder in der Planung befindlichen erreichen nicht annähernd diese Bedeutung, zumal Jurong auch weiterhin kräftig wachsen soll.

Jurong und die südlichen Inseln werden von zahlreichen Groß- und Kleinbetrieben bevorzugt, weil dort eine hervorragende Infrastruktur besteht, z.B.:
- neue moderne Verkehrswege (besonders Straßen)
- ein leistungsfähiger neuer Industriehafen mit modernen Verladeeinrichtungen
- Lagerhäuser und Umschlageinrichtungen für Massen- und Stückgüter
- Dienstleistungen aller Art (Banken, Handelsfirmen, Versicherungen, Reparatureinrichtungen usw.)

Die Petrochemie einschließlich der bedeutenden fünf Raffinerien und der auf die Schiffahrt ausgerichtete Schwermaschinen- und Metallbau sowie der Schiffbau und die Schiffsreparatureinrichtungen bevorzugen entweder die südlichen Inseln oder die Küstenzone der neuen Tuas-Becken ("Northern" und "Southern Tuas Basin").

Die meisten in der folgenden Tabelle genannten Industrien Singapurs haben in dieser Industriezone ihren Sitz:

Ausgewählte Zweige der Industrie Singapurs 1980

Industriezweig	industrielle Produktion in Mio. S$	in % der gesamten Industrieproduktion Singapurs
Erdölverarbeitung und Erdölprodukte	14 806	41,7 %
Elektrische und elektronische Ausrüstungen und Geräte	6 065	17,1 %
Transportausrüstungen u. Ausrüstungen für die Erdölindustrie	2 306	6,5 %
Nahrungsmittel	1 659	4,7 %
Maschinenbau	1 464	4,1 %
Gummiverarbeitung	1 206	3,4 %
Metallverarbeitung	1 037	2,9 %
gesamte Industrie (ohne Steinbrüche)	35 490	

Wechselkurs: 1 S$ (Singapur-Dollar) ≙ 1,07 DM

Aufgaben:
1. Überlege, warum die innerstädtischen chinesischen Gewerbebetriebe kaum ausbaufähig waren und daher für die Schaffung der neuen industriellen Arbeitsplätze nicht infrage kamen.
2. Begründe, warum die Lage von Jurong als neues großes Industriegebiet so günstig ist. Diese Lage westlich der Großstadt wäre in der Bundesrepublik Deutschland aus der Sicht des Umweltschutzes als sehr nachteilig anzusehen. Warum?

| **Industrieförderung durch Baumaßnahmen des Staates** | **M 4.9** |

Zu den Fördermaßnahmen, mit denen die Regierung ausländische Industriebetriebe erfolgreich anwirbt, gehören neben Steuervergünstigungen, Landverpachtungen zu günstigen Preisen und Regierungsdarlehen für Fabrikbauten besonders das Angebot bereits fertig gebauter preiswerter Fabrikgebäude. Um die unterschiedlichen Ansprüche an Größe, technische Einrichtungen, Lage usw. zu erfüllen, werden verschiedene Fabriktypen angeboten. Die folgende Tabelle zeigt, was in Jurong Town und den übrigen Industrieparks bis 1982 erstellt worden ist.

Fabriktyp	Jurong Town		alle übrigen neuen Industrieparks	
	Zahl der Einheiten	davon belegt %	Zahl der Einheiten	davon belegt %
Standardfabrik (alleinstehend oder als Reihengebäude)	664	ca. 90 %	374	ca. 95 %
Etagenfabriken (5 - 7 Stockwerke)	1 Hochhaus mit 36 Betrieben	100 %	47 Hochhäuser mit 844 Betrieben	95 %

Die Etagenfabriken eignen sich besonders für die umweltfreundliche Leichtindustrie (z.B. Elektronik, Optik, Arzneimittel). Sie werden daher direkt in die Wohngebiete der neuen Industrieparks gebaut.
Die Regierung hat auch für ca. 116 000 Menschen in der neuen Arbeiterstadt Jurong Town Wohnungen gebaut, die von den Familien entweder gemietet oder gekauft werden konnten. Ca. 80 % aller Bewohner leben in Wohnungen, die durch die staatliche Wohnungsbaugesellschaft gebaut worden sind. Es gibt keine Slums mehr.

Aufgaben:

1. Diskutiere über Vor- und Nachteile von Fabrikgebäuden, die fertiggestellt werden, ohne daß der spätere Benutzer mitplanen konnte.

2. Die neue Arbeiterstadt "Jurong Town" liegt in unmittelbarer Nähe der Industriezone. Beurteile! Vergleiche mit Wohnwünschen deutscher Industriearbeiter.

M 4.10	Industriehafen Jurong

Der Industriehafen Jurong wurde gebaut und wird ständig erweitert als Spezialhafen für die Industriezone Jurong. Es besteht eine gegenseitige Abhängigkeit.

Güterumschlag

Industriehafen Jurong (1983/84)	Zum Vergleich: Alle Häfen Singapurs 1984
7,4 Mio. t	104 Mio. t
Hauptprodukte:	
Zementklinker, Chemikalien, Dünger, Getreide, Schrott, Roheisen	davon Erdöl (39,2 Mio. t)

Allein 4,6 Mio. t entfielen auf die Massengüter, die in der Tabelle als Hauptprodukte genannt worden sind. Ein Teil davon wird in Jurong verarbeitet und von Singapur und den Nachbarstaaten verbraucht. Andere Massengüter werden in großen Lagerhäusern zwischengelagert, in Säcke abgefüllt (z.B. Zement, Dünger, Getreide) und im südostasiatischen Raum verkauft. Schrott und Roheisen werden im Stahlwerk u.a. zu Stahlplatten für Schiffsneubau und vor allem Reparatur verarbeitet.

M 4.11	Versorgungsbasis Jurong ("Jurong Marine Base")

Vor allem mit dem Geld der amerikanischen Erdölgroßkonzerne entstanden im Bereich von Jurong Versorgungsanlagen, Lagerplätze für Pipelines (Großrohre), Zement usw. sowie Reparaturbetriebe. Von hier werden die zahlreichen Bohrstellen (Plattformen) in den Meeresgebieten Südostasiens versorgt. Allein 1981/82 liefen 2 100 Versorgungs- und Spezialschiffe (z.B. "Rohrleger") die "Jurong Marine Base" an.

Aufgaben:

1. Stelle auf der Karte (M 4.7) fest, wo die "Jurong Marine Base" liegt (470 m Kailänge, 16 ha Fläche).

2. Suche Argumente, warum diese zentrale Versorgungsstelle für die Erdölindustrie gerade hier entstand.

M 4.13	Neue Landgewinnungsgroßprojekte im Bereich der "südlichen Inseln"

Eine der größten Schwierigkeiten für die Industrieentwicklung Singapurs besteht in dem Mangel an geeigneten freien Flächen. Ähnlich wie in Japan (vgl. Diercke, S. 135/IV und V) hat man bisher schon den Weg gewählt, an der Küste Flächen aufzuschütten oder aufzuspülen; so entstand ein Großteil der Fläche des neuen Großflughafens "Changi Airport" im Osten und der 600 ha großen Fläche von "Tuas" im Westen von Jurong. Drei neue Großprojekte im Bereich der südlichen Inseln werden gegenwärtig vorbereitet, sind im Ausbau oder bereits fertiggestellt:
1. Die Inseln "Pulau Sakra" und "Pulau Bakau" sollen miteinander verbunden werden, so daß die Fläche von 16 ha auf 155 ha ansteigt. Industriechemikalien und Produkte der Petrochemie sollen hier verarbeitet oder zwischengelagert werden (Kosten: ca. 270 Mio. DM).
2. Die Inseln "Pulau Merlimau", "Mesemut Darat", "Mesemut Laut", "Meskol" und "Seraya" sollen zu einem Areal von 600 ha entwickelt werden. Die geschätzten Kosten betragen ca. 600 Mio. DM. Es sollen Verladeanlagen für Chemie- und Petrochemieprodukte entstehen. Auf "Seraya" wird das neue Großkraftwerk gebaut.
3. Die Inseln "Pulau Semaku" und "Sakeng" sollen zu einem Areal von 600 ha zusammengefaßt werden, um die petrochemische Industrie erweitern zu können.
4. Die Verbindung der Inseln "Busing" und "Sebarok" durch Aufschüttung (Kosten: ca. 47 Mio. DM) soll Platz für ein Ölterminal (Hafen und Vorratsbehälter) schaffen. Das Projekt wird von der Regierung Singapurs und einer niederländischen Industriegruppe getragen.

Aufgaben:
1. Zeichne die 4 Projekte in die Karte (M 4.7) ein.
2. Nenne die Gründe, warum gerade das Gebiet der südlichen Inseln ausgewählt worden ist. Wäre es nicht möglich (und billiger), freie Flächen im Zentrum oder an anderen Stellen der Küste Singapurs für diesen Zweck zu erschließen?
3. Diskutiert über die wirtschaftlichen Chancen und Gefahren der Projekte, aber auch über mögliche Umweltprobleme.

Daten zur Geschichte Berlins	M 5.1

1640	Beginn der Regierungszeit Friedrich Wilhelms, des großen Kurfürsten. Ansiedlung von Kaufleuten, Handwerkern und Manufakturbetrieben.
1870/71	Deutsch-französischer Krieg. Unter Führung Preußens entsteht das Deutsche Reich. Berlin wird Reichshauptstadt und entwickelt sich zu einem der führenden Wirtschafts- und Industriezentren des europäischen Kontinents.
1870-1910	Die Industrialisierung trägt zu einer raschen Bevölkerungszunahme bei: 1871: 900 000 Einw., 1890: 1 900 000 Einw., 1910: 3,7 Mio. Einw. im Raum Groß-Berlin. Mietskasernenbau besonders im Norden und Osten der Stadt. Berlin wird zum wichtigsten Eisenbahnknotenpunkt.
1920	Durch das Eingemeindungsgesetz wird Berlin mit fast 4 Mio. Einw. die zweitgrößte Stadt Europas. Das Stadtgebiet umfaßt 878 km^2.
1932	Allein in Berlin 636 000 der insges. 6 Mio. Arbeitslosen im Deutschen Reich.
1940	Beginn der britischen Luftangriffe auf Berlin.
1943-45	Ganze Stadtbezirke, besonders im Zentrum und im Westen brennen aus. Bei Kriegsende sind 20 % der 250 000 Gebäude total oder schwer zerstört, 50 % beschädigt. Die Bevölkerung ist von 4,4 Mio. im Jahre 1939 auf 2,8 Mio. zurückgegangen.
24.6.1948	Währungsreform in den drei Westzonen; daraufhin auf Anordnung der sowj. Militärverwaltung Sperrung der Verbindungswege nach Westdeutschland. "Berlin-Blockade".
1948-5.5.49	Luftbrücke der westlichen Alliierten. In über 277 000 Flügen transportieren sie über 1,8 Mio. Tonnen Versorgungsgüter. Zweiteilung Berlins.
15.12.1949	Berlin wird in das Europäische Wiederaufbauprogramm der USA einbezogen.
14.3.1950	Die Bundesrepublik Deutschland erklärt den wirtschaftlichen Notstand für Berlin und gibt Finanzhilfen.
16./17.6.1953	Volksaufstand in Ostberlin und der Sowjetzone.
1949-1961	2,6 Mio. Flüchtlinge aus der DDR kommen - zu 50 % über Westberlin - in die Bundesrepublik.
13.8.1961	Berliner Mauerbau. 60 000 Grenzgängern aus Ostberlin und der DDR wird der Weg zu ihrem Arbeitsplatz in West-Berlin versperrt.
3.6.1972	Inkrafttreten des Viermächte-Abkommens. Der zivile Zugang nach Berlin wird entscheidend verbessert; das 1971 geschlossene Transitabkommen wird wirksam, das bedeutet beschleunigte Abfertigung, weniger Kontrollen, Straßenbenutzungsgebühren zahlt die Bundesrepublik pauschal an die DDR. "Transitpauschale" 1980 z.B. 525 Mio. DM.
1981	Vorzeitige Neuwahlen des Berliner Senats. Änderung der Wohnungspolitik, verstärkte Förderung von Industrieansiedlungen.

M 5.2	Berlin-Hilfe der deutschen Wirtschaft

Am 27. November 1958 stellte der sowjetische Parteichef Nikita Chruschtschow Berlin ein Ultimatum:
West-Berlin soll innerhalb von sechs Monaten eine freie Stadt werden. Als eine der politischen Antworten fordert der Präsident des Bundesverbandes der deutschen Industrie im Dezember die westdeutsche Wirtschaft dazu auf, verstärkt Aufträge nach Berlin zu vergeben. In einer Phase der Hochkonjunktur und der überbeanspruchten Kapazitäten hatte dieser Appell Erfolg. Berlin konnte so in der politisch kritischen Phase gestützt werden.
Aber manche Unternehmen wie Siemens und AEG hielten es für angebracht, ihren Firmensitz in das Bundesgebiet zu verlegen. Der Stadt fehlte das Umland und damit die kaufkräftige Nachfrage der Provinz. Viele Unternehmen bauten ihre zukunftsträchtigen Fertigungen im Westen auf. In Berlin blieb die herkömmliche Produktion. So halbierte z.B. Siemens die Berliner Belegschaft innerhalb der letzten 25 Jahre auf nunmehr 20 000 Beschäftigte.

M 5.3	Anzahl der Industriearbeitsplätze in Berlin (West)

Jahr	Anzahl
1960	305 000
1965	288 000
1970	265 000
1982	168 000
1983	157 000
1987	161 000

M 5.4	Subventionsmentalität und Managementfehler?

Ohne Zuschüsse und Vergünstigungen kann die Stadt nicht leben. Was oft als typisch für Berlin angesehen wird, ist typisch für alle subventionierten Wirtschaftsbereiche. Förderungsmittel beanspruchten auch die Stahlindustrie, die Werften, Zonenrandgemeinden und Bauern.
Auch westdeutsche Konzerne, die in Berlin produzieren, nehmen an Staatshilfe, was sie bekommen können.
Einige Unternehmen glaubten, die Subventionen für Berlin würden das Überleben schon ermöglichen. Andere verpaßten den Strukturwandel, den die Elektronik in der Elektroindustrie und im Maschinenbau bewirkte. Von 1965 bis 1981 verlor allein die Elektroindustrie in Berlin 39 % ihrer Arbeitsplätze. Noch ungünstiger verlief die Entwicklung in der Bekleidungsindustrie. Hier gingen im gleichen Zeitraumm 81 % der Arbeitsplätze verloren: Vom drittgrößten Industriezweig sank sie auf den siebten Rang ab, nach Elektroindustrie, Maschinenbau, Ernährungsindustrie, Chemie, Fahrzeugbau und Druckindustrie.

M 5.5 Verarbeitendes Gewerbe in Berlin (West)*

	Einheit	1970	1976	1978	1980	1982	1986	1987
Betriebe**	Anzahl	2 022	1 567	1 270	1 188	1 125	983	1 025
Beschäftigte**	in 1 000	265	189	183	180	165	162	161
dar.: *** Maschinenbau	in 1 000	29	20	19	19	18	15	15
Elektrotechnik	in 1 000	97	69	64	64	58	57	56
Chemie (bis 1976 einschl.Mineralöl)	in 1 000	12	12	11	11	11	12	12
Bekleidungsindustrie	in 1 000	19	8	6	6	4	3	3
Ernährungsindustrie	in 1 000	18	16	18	18	17	16	15
Geleistete Arbeitsstunden	in Mio.	342	223	210	200	179	172	168
Meßziffern der Arb.produktivität***	1976=100		100,0	116,2	131,9	148,6	158,9	158,9
Index der Industrie Nettoproduktion***	1976=100		100,0	110,2	122,5	127,0	137,7	136,2
dar.: Maschinenbau	1976=100		100,0	84,0	85,6	90,5		
Elektrotechnik	1976=100		100,0	110,9	125,0	117,8		
Chemie	1976=100		100,0	106,0	113,7	120,8		
Bekleidungsindustrie	1976=100		100,0	105,0	96,2	89,3		
Ernährungsindustrie	1976=100		100,0	129,3	146,3	167,1		

* Industriebetriebe mit 10 oder mehr Beschäftigten; ab 1977 Industriebetriebe mit 20 und mehr Beschäftigten einschl. Produzierendes Handwerk.
** Im Jahresdurchschnitt.
*** Index der industriellen Nettoproduktion je Beschäftigten.

M 5.6 Zum Vergleich: Verarbeitendes Gewerbe im Bundesgebiet*

	Einheit	1970	1976	1978	1980	1982	1986
Beschäftigte**	in 1 000	8 289	7 128	7 254	7 322	8 877	6 735
dar.: ** Maschinenbau	in 1 000	1 105	995	993	1 004	976	975
Elektrotechnik	in 1 000	1 069	948	938	944	881	934
Chemie	in 1 000	586	562	548	550	534	543
Bekleidungsindustrie	in 1 000	381	284	266	255	214	189
Ernährungsindustrie	in 1 000	484	426	451	449	432	406
Geleistete Arbeitsstunden	in Mio.	11 804	9 009	8 980	8 867	7 982	7 719
Index der Arbeitsproduktivität***	1976=100	80,5	100,0	106,1	110,7	112,8	126,8
Index der Industrie Nettoproduktion***	1976=100	92,4	100,0	104,5	109,9	105,1	117,6
Maschinenbau	1976=100	102,0	100,0	100,0	108,2	105,1	
Elektrotechnik	1976=100	83,0	100,0	107,7	113,9	110,8	
Chemie	1976=100	77,8	100,0	105,8	107,0	102,5	
Bekleidungsindustrie	1976=100	107,7	100,0	94,6	89,7	76,6	
Ernährungsindustrie	1976=100	89,1	100,0	103,0	107,3	109,4	

* Industriebetriebe mit 10 oder mehr Beschäftigten; ab 1977 Industriebetriebe mit 20 und mehr Beschäftigten einschl. Produzierendes Handwerk.
** Im Jahresdurchschnitt.
*** Index der industriellen Nettoproduktion je Beschäftigten.

M 5.7	Betriebe, Beschäftigte, Umsätze in Berlin (West)		
Jahr	Zahl der Betriebe (am Jahresende)	Zahl der Beschäftigten (am Jahresende)	Umsatz (Mio. DM)
1970	14 305	130 979	4 347,7
1975	11 979	120 939	6 275,2
1980	11 502	129 219	8 022,7

M 5.9	Waren- und Dienstleistungsverkehr von Berlin (West) in jeweiligen Preisen			
	1962	1975	1980	1986
Lieferungen in Mio. DM				
Waren ins übrige Bundesgebiet	7 875	18 382	25 082	26 743
in die DDR	64	286	336	517
ins Ausland	1 336	3 929	5 314	9 483
dar.: Ostblockländer	70	261	198	
Waren insgesamt	9 275	22 597	30 732	36 747
Dienstleistungen	328	1 131	1 433	
Lieferungen insgesamt	9 603	23 728	32 165	
Bezüge in Mio. DM				
Waren aus dem übrigen Bundesgebiet	7 752	17 328	20 861	19 746
aus der DDR	166	863	1 653	1 517
aus dem Ausland	892	2 630	4 386	7 509
dar.: Ostblockländer	64	336	597	
Waren insgesamt	8 810	20 821	26 900	28 772
Dienstleistungen	865	3 480	4 186	
Bezüge insgesamt	9 675	24 301	31 086	

M 5.8	Arbeitnehmer (Inlandskonzept) in Berlin (West) nach Wirtschaftsbereichen				
Jahr	insgesamt	Produzierendes Gewerbe insges.	Verarbeitendes Gewerbe	Handel	Staat
Arbeitnehmer - Durchschnitt in 1 000					
1960	894,0	449,0	370,0	104,4	146,0
1966	863,4	414,5	337,2	108,4	148,6
1968	828,1	377,3	298,3	111,2	148,2
1970	856,2	387,6	309,4	114,9	157,3
1972	831,1	352,8	280,4	112,1	167,7
1974	808,2	328,9	262,2	103,1	177,0
1976	766,3	285,7	223,9	95,7	186,1
1978	754,7	272,1	212,4	92,1	188,9
1980	761,8	273,0	210,6	87,4	196,9
Meßzahl 1960 = 100					
1966	97	92	91	104	102
1968	93	84	81	107	102
1970	96	86	84	110	108
1972	93	79	76	107	115
1974	90	73	71	99	121
1976	86	64	61	92	127
1978	84	61	57	88	129
1980	85	61	57	84	135
Anteil an den Arbeitnehmern insgesamt in %					
1960		50,2 %	41,4 %	11,7 %	16,3 %
1966		48,0 %	39,1 %	12,6 %	17,2 %
1968		45,6 %	36,0 %	13,4 %	17,9 %
1970		45,3 %	36,1 %	13,4 %	18,4 %
1972		42,4 %	33,7 %	13,5 %	20,2 %
1974		40,7 %	32,4 %	12,8 %	21,9 %
1976		37,3 %	29,2 %	12,5 %	24,3 %
1978		36,1 %	28,1 %	12,2 %	25,0 %
1980		35,8 %	27,6 %	11,5 %	25,8 %

Aufgabe:
Erläutere den Aufbau der Tabellen. Welche ist am aussagestärksten? Markiere Trends. Formuliere ein Ergebnis.

Regionale Verteilung der Warenlieferungen und Warenbezüge Berlins — M 5.10

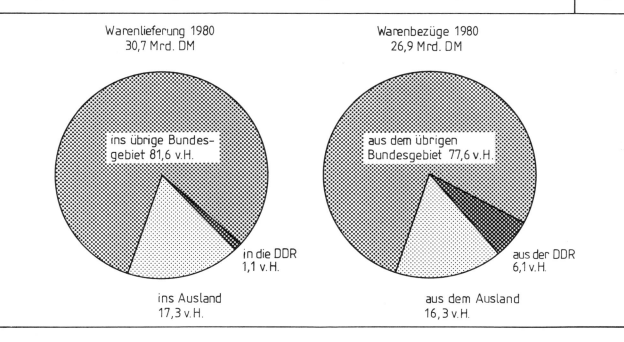

Warenlieferung 1980
30,7 Mrd. DM
- ins übrige Bundesgebiet 81,6 v.H.
- in die DDR 1,1 v.H.
- ins Ausland 17,3 v.H.

Warenbezüge 1980
26,9 Mrd. DM
- aus dem übrigen Bundesgebiet 77,6 v.H.
- aus der DDR 6,1 v.H.
- aus dem Ausland 16,3 v.H.

Warum in Berlin investieren? — M 5.11
(Quelle: Werbebroschüre der Wirtschaftsförderung Berlin GmbH, Berlin 1983)

Folgende Standortvorteile sind besonders bemerkenswert:
1. Die günstige Infrastruktur gewährleistet schnelle Zulieferung von Vor- und Zwischenprodukten und bietet rasch verfügbare Dienstleistungen in allen Bereichen.
2. Die Stärke der Wirtschaftskraft kommt in einem Bruttosozialprodukt zum Ausdruck, das etwa doppelt so hoch ist wie das der Republik Irland oder fast die Hälfte des Bruttosozialprodukts von Österreich bzw. Dänemark erreicht.
3. Die große Zahl hochqualifizierter Beschäftigter in diesem industriellen Großraum mit ihrer bekannten schnellen Auffassungsgabe und Aufgeschlossenheit gegenüber neuen Entwicklungen.
4. Die Bedeutung von Forschung und Entwicklung wird unterstrichen durch die Existenz von mehr als 180 Forschungs- und Entwicklungsinstituten, in denen über 25 000 Mitarbeiter an Aufgaben der Zukunft arbeiten.
5. Die uneingeschränkte Integration Berliner Fertigungen in die Produktionssysteme von Weltunternehmen wie AEG-TELEFUNKEN, BAT, Bertelsmann, BMW, Borsig, Bosch, Daimler-Benz, Ford, Gillette, IBM, ITT, Nixdorf, Philip Morris, Siemens, Springer, Thyssen, UTC.
6. Berlin genießt wie die Bundesrepublik alle Vorteile der EG-Mitgliedschaft.
7. Die einmalige Verdichtung des kulturellen, künstlerischen und sportlichen Angebots, verbunden mit den urbanen Qualitäten des Lebensraums und den überdurchschnittlich vielen Möglichkeiten der Freizeitgestaltung.
8. Die kontinuierlichen Wettbewerbsvorteile gewähren dem Investor einen gesetzlichen Anspruch auf steuerliche und finanzielle Vorteile, die sich in einer kontinuierlichen Erhöhung der Umsatzrendite niederschlagen.

Abnehmerpräferenz
Ein weiterer Wettbewerbsvorteil ergibt sich daraus, daß der westdeutsche Kunde seinerseits durch den Bezug von Berliner Produkten oder Dienstleistungen einen eigenen Anspruch auf eine Umsatzpräferenz von 4,2 % erwirbt.
Kombiniert ergibt sich aus der Herstellerpräferenz und der westdeutschen Abnehmerpräferenz unter günstigsten Umständen ein Wettbewerbsvorteil bis zu 14,2 % des Umsatzes.
Unternehmerisches Engagement wird in Berlin umfassend gefördert. Das Berlin-Förderungsgesetz (BerlinFG) sichert dem Investor den gesetzlichen Anspruch auf Vorteile, die sich positiv auf seine Ertragszahlen auswirken.

Herstellerpräferenz
Liefert ein Berliner Unternehmer in der Stadt hergestellte Erzeugnisse an einen westdeutschen Abnehmer, so erhält er eine Umsatzpräferenz zwischen 3 und 10 %. Für die Einstufung ist die Wertschöpfung maßgeblich, die die Firma in Berlin erbringt.
Bereits in der Investitionsphase werden die Auf- und Ausbaupläne eines produzierenden Unternehmens in Berlin wesentlich unterstützt. Zu den wichtigsten Fördermaßnahmen zählen:
- Gesetzlicher Anspruch auf steuerfreie Investitionszulagen:
  25 % für maschinelle Anlagen, 15 % für Bauten, 10 % für Betriebs- und Geschäftsausstattung und 30 bis maximal 40 % für Forschungs- und Entwicklungsinvestitionen.

Eine Reihe weiterer Vorteile unterstützen den Unternehmer bei der Auswahl geeigneter Mitarbeiter:
- Steuerfreie Arbeitnehmerzulagen in Höhe von 8 % des Bruttolohnes oder -gehalts fördern den Zuzug von Fach- und Führungskräften.
- Für Fach- und Führungskräfte wurde ein großzügiges Wohnungsprogramm verwirklicht.
- Zuwanderer erhalten unter bestimmten Voraussetzungen Anreisekosten erstattet, Heimfahrten, Überbrückungsgeld, Umzugskostenübernahme, Einrichtungsbeihilfen u.a.
- Wohnungsdarlehen
- Zinslose Darlehen zur Familiengründung
- Steuerfreie Zulagen pro Monat von 49,50 DM für jedes Kind.

| M 5.12 | Erwerbstätige (Jahresdurchschnitt in Millionen) |

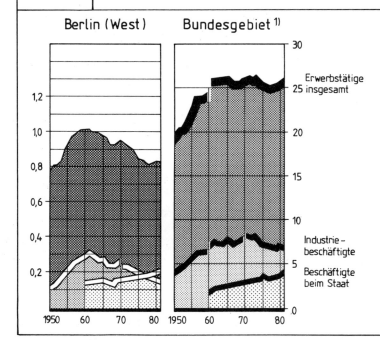

Aufgabe:

Vergleiche die Entwicklung der Erwerbstätigenzahl von Berlin (West) mit dem Bundesgebiet.

1) für 1950 bis 1959 ohne Saarland und Berlin (West)

| M 5.13 | Förderung innovationsorientierter Unternehmen in Berlin (Quelle: Der Senator für Wirtschaft und Verkehr, Fördermaßnahmen und -programme Berlin 1983) |

Das Strukturprogramm für neue Arbeitsplätze
Das Strukturprogramm für Berlin gibt Hilfen und Anreize; reglementierende Eingriffe des Staates in die Wirtschaft sind darin nicht zu finden! Seine Kerngedanken sind:
- Wir brauchen mehr jüngere Menschen, die bereit sind, eine selbständige Existenz zu gründen und damit auch anderen Arbeit zu geben.
- Die Berliner Unternehmen müssen mehr noch als bisher in die Innovation von Produkten und Verfahren investieren, denn neue Produkte und Verfahren sichern nicht nur die unternehmerische Zukunft, sondern auch die Arbeitsplätze in der Stadt.
- Wir müssen dafür mehr Forschung und Entwicklung in "intelligente Produkte" stecken und die Lücken zwischen Forschung, Entwicklung, Herstellung und Verkauf überbrücken.

Zu den bisherigen Standortvorteilen kommen durch das Strukturprogramm u.a. folgende Hilfestellungen hinzu:
- Durch Einrichtung eines Innovationsfonds sind die finanziellen Hürden für Innovationen deutlich herabgesetzt worden.
- Im Rahmen eines inzwischen sehr erfolgreich laufenden Pilotvorhabens wird einer begrenzten Anzahl von Hochschulabsolventen der TU Berlin für ein Jahr ein ganztägiges Innovationspraktikum in kleinen Betrieben ermöglicht. Dadurch werden gleichzeitig innovative Anstöße für die Unternehmen gegeben und Anreize für Jungakademiker ausgelöst, unternehmerisch tätig zu werden.

In den Vereinigten Staaten wurden in den 70er Jahren über 13 Millionen neue Arbeitsplätze geschaffen. Das Erstaunlichste: den größten Anteil daran hatten kleine und mittlere, vor allem aber auch neue Betriebe. So muß es auch in Berlin werden.
Mehr Arbeitsplätze durch mehr Selbständige.
Weder bei den Selbständigen noch bei den Fachkräften ist Nachwuchs aus dem Umland der Stadt möglich. Es sind deshalb bedeutende Anreize notwendig, damit zum Beispiel Großunternehmen in genügender Zahl qualitativ hochwertige Arbeitsplätze schaffen können, Unternehmen mittlerer Größe moderne Technologie gerade in Berlin herstellen und anwenden sowie genügend neue Existenzen gegründet werden.
Die Bedingungen und Voraussetzungen für die Gründung neuer Unternehmen in Berlin zu verbessern ist also eine der vorrangigsten strukturpolitischen Aufgaben. Mit Existenzgründungen, die auf solider Eigenkapitalbasis stehen und mit dem nötigen know-how ausgestattet sind, werden zukunftssichere neue Arbeitsplätze geschaffen. Der Wettbewerb wird belebt und das Angebot des Zuliefermarktes Berlin wird dadurch noch attraktiver gemacht.

Innovationsfonds
Gefördert werden Innovationsvorhaben sowie Gründungen von Unternehmen, soweit diese neue technische Produkte, neue Verfahren oder neue produktionsnahe Dienstleistungen zum Gegenstand haben und diese in Berlin entwickelt, hergestellt oder erbracht werden. Sie müssen jedoch auf einen erkennbaren Bedarf des Marktes zugeschnitten sein.

Qualitätsstrategie für Berlin (Nach: Pierot, E.: Qualitätsstrategie für Berlin - In: 17. Bericht über die Lage der Berliner Wirtschaft, Berlin 1986, S. 6 - 10)
"Ein möglichst hohes Maß an Eigeninitiative und Selbstverantwortung ist gerade in Berlin notwendig; in einer Stadt, die aufgrund ihrer geopolitischen Lage auch in Zukunft besondere Hilfen von außen braucht. (....) Berlin hat im wissenschaftlichen und kulturellen Bereich überragende Standortvorteile; es hat eine große Anzahl innovativer kleiner und mittlerer Unternehmen, die sich flexibel an neue Marktentwicklungen anpassen können. Und es hat als Metropole Ausstrahlung weit über die Grenzen der Stadt hinaus. (...)
Die Attraktivität der Stadt sowie der Umfang und Qualität der Arbeitsplätze hängen immer mehr von der Entwicklung des Dienstleistungssektors ab. Immer weniger Menschen werden in der Produktion, immer mehr Menschen im Dienstleistungsbereich arbeiten. Dieser Trend ist auch in Berlin nachzuweisen. In den letzten fünfzehn Jahren haben mehr als 25 000 Menschen in Dienstleistungsunternehmen zusätzlich Arbeit gefunden. (...) Erst wenn es gelingt, das Qualifikationsniveau von Berliner Arbeitnehmern und Arbeitslosen so zu verbessern, daß Berliner Unternehmen alle offenen Stellen mit Arbeitskräften aus Berlin besetzen können,(...), wird sich die Zahl der zusätzlich geschaffenen Arbeitsplätze auch in einem nachhaltigen Abbau der Arbeitslosigkeit in Berlin niederschlagen können. (...) Wir müssen schon an den Schulen damit beginnen, Eigeninitiative, Selbständigkeit und Leistungsbereitschaft als wirtschafts- und gesellschaftspolitisches Leitbild zu verankern."

| **Arbeitsproduktivität und Berlinförderung** | M 5.14 |

Je Beschäftigten ist das Bruttoinlandsprodukt (BIP) in Berlin (West) stärker gewachsen und auch höher als im übrigen Bundesgebiet. Die Produktivität der Industriebeschäftigten liegt über dem Bundesdurchschnitt. Beide Zahlen sind Indikatoren für den Strukturwandel der Berliner Industrie:
Mit immer weniger Beschäftigten wird immer mehr produziert. Leider bedeutet dies jedoch nicht, daß hier hochqualifizierte Leute hochtechnisierte Produkte herstellen; vielmehr werden in fast menschenleeren, automatisierten Hallen vornehmlich Massenprodukte gefertigt: Nahrungsmittel, Zigaretten, Kunststoffteile, Billigmöbel. Damit sank Berlin (West) zu einer "verlängerten Werkbank" für die Fertigungen mit hoher Produktivität bei geringem Personaleinsatz herab.
Die Berlinförderung, die in einer Zeit beschlossen wurde, als Arbeitskräfte rar waren, hat zu dieser Entwicklung maßgeblich beigetragen: Sie förderte arbeitsplatzsparende, kapitalintensive Investitionen. Je größer der Umsatz, um so höher war die Vergünstigung. Daher wurde das Berlinförderungsgesetz inzwischen geändert.

Aufgabe:
Welche Auswirkungen hatte die Berlinförderung auf die Arbeitsproduktivität?

| **Folgen der veränderten Berlinförderung – Beispiel: Die Zigarettenindustrie** | M 5.15 |

Die Zigarettenkonzerne wollen in Berlin investieren. Neben dem Konzern BRINKMANN, Bremen, der seinen Firmensitz nach Berlin (West) verlegt, will die Firma REEMTSMA, Hamburg, rund 100 Mio. DM in Berlin investieren. Allerdings stieß der Plan der Verlagerung der Kartonagenfertigung in Hamburg sofort auf Widerstand. Die Firma PHILIPP MORRIS, München, will 40 Mio. DM investieren. Bei den Zigarettenherstellern besteht nämlich die Sorge, daß nach der Neufassung der Berlinförderungsgesetze ihre Produktion weniger subventioniert werden könnte.
In Berlin wird jede zweite Zigarette hergestellt, aber nur jeder zehnte Beschäftigte der Branche hat dort seinen Arbeitsplatz. Deshalb müssen zur Fertigung weitere unternehmerische Aktivitäten nach Berlin verlagert werden.

| **Fördermittel für Berlin vernichten Arbeitsplätze im Bundesgebiet – Beispiel Bayreuth –** | M 5.16 |

Nachdem die Zigarettenkonzerne REEMTSA und BRINKMANN beschlossen hatten, wesentliche Teile ihrer Zigarettenproduktion aus der Bundesrepublik nach Berlin zu verlagern, verstärkte sich der Wettbewerbsdruck auf BAT (steht beispielhaft für **eine** Zigarettenfabrik) derart, daß die Bayreuther BAT-Beschäftigten um ihre Jobs zu fürchten begannen. Durch die veränderte Berlinförderung muß Bayreuth nicht nur um einen der größten Arbeitgeber, sondern zugleich um seinen besten Steuerzahler bangen. 15 – 20 % des Gewerbesteueraufkommens erhält die im strukturschwachen Zonenrandgebiet gelegene Stadt von dem BAT-Werk.
Bayreuths Oberbürgermeister fordert daher, Schutzklauseln in das Berlinhilfe-Gesetz einzubauen, "die das Grenzland genauso vor Berlin schützen, wie Berlin durch die jetzigen Bestimmungen geschützt ist". "Unternehmer dürfen sich nicht länger auf Kosten der Steuerzahler durch Produktionsverlagerungen nach Berlin eine goldene Nase verdienen, indem sie gleichzeitig in ihrem bisherigen Standorten erheblich mehr Arbeitsplätze vernichten als in Berlin neue geschaffen werden", meinte hierzu der Gewerkschaftsvorsitzende Günter Döding.

Aufgabe:
Erläutere die Forderung des Bayreuther Oberbürgermeisters.

| M 5.17 | Wirtschaftsprognose für Berlin (West) im Jahr 2000 |

Wenn der Rückgang der Industriearbeitsplätze so wie in den siebziger Jahren bliebe (-29 % im Jahrzehnt), dann wären im Jahre 2000 nur noch 90 000 industrielle Arbeitsplätze vorhanden. Dies darf nicht passieren, denn von Dienstleistungen und dem öffentlichen Dienst allein kann Berlin nicht leben.
Da in jedem Fall die Bevölkerung abnimmt, wird auch die einheimische Nachfrage zurückgehen. Handel, Bauwirtschaft, Verkehr und Dienstleistungsbereiche werden daher etwa 10 000 Arbeitsplätze verlieren. Überregionale Dienstleistungen werden zwar weiterhin an Bedeutung gewinnen, aber kaum Zehntausende von neuen Arbeitsplätzen bringen. Wenn überhaupt, können die benötigten zusätzlichen Arbeitsplätze nur in der Industrie geschaffen werden. Ein Rückgang der Einwohnerzahl Berlins ist jedoch nicht unbedingt schädlich, da die Bevölkerungsdichte der "Inselstadt" höher als in anderen Großstädten ist.

Aufgabe:
Erläutere die Auswirkungen, die sich für Berlin (West) aus dem Rückgang der Einwohnerzahl ergeben.

| M 5.18 | Berlin: Zu- und Abwanderungsmotive |

Die Zahl der Arbeitsplätze entscheidet über die Veränderung der Bevölkerungszahl. Eine Studie über Zu- und Abwanderung kam für Berlin u.a. zu folgenden Ergebnissen:
- 1/3 aller Zuwanderer kommt aus beruflichen Gründen;
- 1/5 wird vom Großstadtmilieu und den Ausbildungsmöglichkeiten angezogen;
- Mehr als 1/5 verlassen Berlin wegen der Wohnung und wollen in eine Kleinstadt ziehen.

| M 5.19 | Die Rolle der Bundesunternehmen in Berlin (West) |

Der bundeseigene VEBA-Konzern hat von seinen über 80 000 Arbeitsplätzen knapp 700 in Berlin, die VIAG (Vereinigte Industrie-Unternehmungen AG) beschäftigt nur 500 von insgesamt 26 000 Belegschaftsmitgliedern in Berlin, und der ebenfalls bundeseigene Salzgitter-Konzern 160 von 57 000. Das Volkswagenwerk hat keine Produktionsstätte in Berlin, im Gegensatz zu Daimler-Benz, BMW und Ford.
Die in Berlin eingekauften Waren dieser Bundesunternehmen machen zwischen 0,5 % (Salzgitter) und 1,7 % (Volkswagen) ihrer gesamten Einkäufe aus. Dagegen stammen 11,5 % der Einkäufe der Bundespost aus Berlin, d.h. die Post vergab für 1,5 Mrd. DM Aufträge nach Berlin.

Aufgabe:
Beurteile die Rolle der Bundesunternehmen in Berlin (West).

| M 5.20 | Die politische Rolle von Berlin (West) |

Blieben die Berlinhilfen langfristig ohne Erfolg, so wären direkte staatliche Eingriffe unvermeidlich. Die Bundesregierung ist nämlich durch einen Vertrag über die wirtschaftliche Zusammenarbeit mit den USA aus dem Jahre 1949 verpflichtet, Berlin (West) "in größtmöglichem Ausmaß die Hilfe angedeihen (zu) lassen, die auf Grund von Beratungen zwischen der Regierung der Bundesrepublik und der Stadt Berlin für die wirtschaftliche Erhaltung und Entwicklung dieses Gebietes als erforderlich festgesetzt wird". Der Deutschlandvertrag von 1952 enthält ähnliche Verpflichtungen.
Die Alliierten garantieren die politische Sicherheit der Stadt, aber sie erwarten von der Bundesrepublik, daß sie die Lebensfähigkeit Berlins sichert.

Kalifornien im Kartenbild · M 6.1

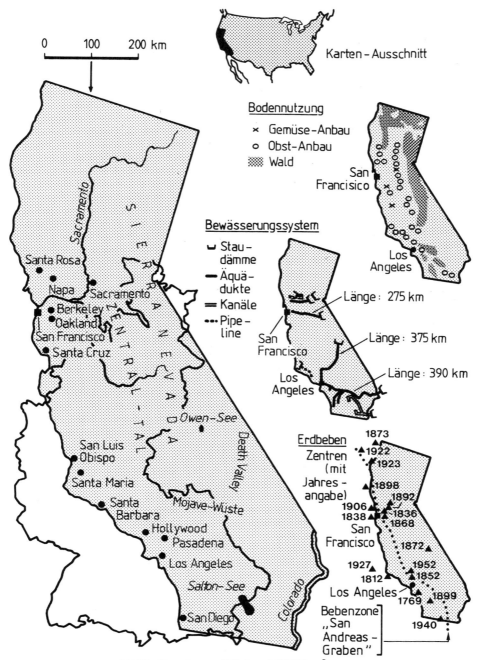

Kalifornien : 21 Mill. Einwohner, Fläche : 411 000 km²

zum Größenvergleich :
Bundesrepublik : 61,3 Mill. Einwohner; Fläche : 249 000 km²

Aufgaben:

1. Miß die Nord-Süd-Ausdehnung Kaliforniens. Vergleiche mit der BR Deutschland.
2. Zähle die Großstädte über 500 000 Einwohner. Vergleiche mit der BR Deutschland.
3. Das Großstadtgebiet von Los Angeles - Long Beach ist mit 6 500 km² das größte Stadtgebiet aller Trockenregionen der Erde.
   Hier wohnen 11 Mio. Menschen, d.h. etwa 40 % der Bevölkerung Kaliforniens. In Berlin (West) leben 1,9 Mio. Menschen auf 480 km². Berechne die Bevölkerungsdichte beider Städte.
4. Stelle die Flächen beider Großstadtregionen zeichnerisch dar.

M 6.2	Kalifornien - US-Bundesstaat der Superlative

Kalifornien ist nach Alaska und Texas der drittgrößte Staat der USA. Er ist knapp so groß wie Schweden und fast doppelt so groß wie die BR Deutschland. Die Wirtschaftskraft (BSP) dieses Bundesstaates entspricht etwa der Italiens.
Der Aufschwung begann, als 1848 Goldfunde Zehntausende von Abenteurern nach Kalifornien lockten. Später erwiesen sich die intensiven Bewässerungskulturen, Ölfunde und die Unterhaltungsindustrie (Hollywood) als besondere Attraktionsmomente. Der 2. Weltkrieg brachte einen gewaltigen Aufschwung für die kalifornische Flugzeugindustrie.
Kalifornien ist der US-Bundesstaat
- mit den meisten Einwohnern (1980: 24,2 Mio.; vor Staat New York),
- mit den meisten Autos (16 Mio.; Bundesrepublik 21,2 Mio.),
- mit dem höchsten Haushaltsdurchschnittseinkommen (18 200 Dollar pro Jahr, Mississippi hat mit 12 400 Dollar das niedrigste),
- mit dem höchsten Bildungsstand (2,8 Mio. = 20 % der Erwachsenen haben einen Hochschulabschluß),
- der als selbständiger Staat mit einem Bruttosozialprodukt von 351 Mrd. Dollar der achtgrößte Industriestaat der Welt wäre.

M 6.3	Naturpotential Kaliforniens

Kein vergleichbar großes Gebiet der Erde besitzt eine so große Vielfalt der Landschaftsformen, des Klimas, der Tier- und Pflanzenwelt (Kaliforniens Wappentier, der Bär, wurde allerdings schon vor über 50 Jahren ausgerottet).
Im Norden gibt es riesige nebelverhangene Nadelwälder, im Süden Palmenhaine, deren Datteln in die ganze Welt exportiert werden. In Mittelkalifornien trifft man saftige Almen an, die an das Allgäu erinnern.
Hinter der Küstenkette erstreckt sich das Kalifornische Längstal (Central Valley), die am aufwendigsten bewässerte und produktivste landwirtschaftliche Nutzfläche der Welt.
Nur eine Autostunde weiter in Richtung Osten - aus dem subtropischen Zentraltal heraus - liegt bis in den Sommer hinein Schnee auf den 2 000 m hohen Hängen. Der gletscherreiche Mount Whitney ist mit 4 418 m fast so hoch wie das Matterhorn.

Klimawerte:

Ort	Höhe über NN	J	F	M	A	M	J	J	A	S	O	N	D	Jahr
Fresno	100 m	8	10	13	15	19	24	27	27	23	17	12	8	17° C
		43	39	39	24	11	2	0	0	5	14	24	36	237 mm
Los Angeles	103 m	12	13	14	15	17	19	21	21	20	18	16	13	17° C
		78	85	70	26	11	2	0	1	4	17	30	66	388 mm
Frankfurt/Main (BR Deutschland)	103 m	1	2	5	9	14	17	19	18	14	9	5	2	10° C
		46	35	39	47	60	66	75	71	52	47	43	49	630 mm

Aufgaben:
1. Untersuche Klima und Vegetation (Pflanzenwuchs) Kaliforniens mit Hilfe der Atlaskarten. Gliedere in Norden - Zentrum - Süden.
2. Lege auf der Höhe von Fresno ein Ost-West-Profil (etwa: Serra Peak/Küstenkette - San Joaquin-Tal/Central Valley - Mt. Whitney/Sierra Nevada - Tal des Todes).
Kannst Du daraus Schlüsse über Landnutzung und Besiedlung ziehen?
3. Die Amerikaner sprechen beim Kalifornischen Längstal anerkennend von einer "man - made" - Landschaft. Was ist darunter zu verstehen?

Standort Silicon Valley	M 6.4

Südlich von San Francisco, da wo in vielen Atlanten noch Obst-, Wein- und Weideland als Nutzung vermerkt ist, befindet sich das Silicon Valley, das Zentrum der amerikanischen Mikroelektronikindustrie.

"Hier ist das neue "Goldrausch"-Gebiet Kaliforniens, hier versammelt sich die Elite der technischen Intelligenz Amerikas", schwärmt eine Lokalzeitung.

Der Standort ist in Nachbarschaft der Stanford University in Palo Alto, einem der besten naturwissenschaftlichen Lehr- und Forschungsinstitute der USA. Hier wurde zuerst die "High Technology" (Computer, Computerprogramme, Mikroelektronik) ausgedacht.

Frühe Pioniere im Silicon Valley waren Bill Hewlett und Dave Packard, die nach ihrem Studium 1939 in Palo Alto in einer Garage mit der Produktion von Oszillographen (Schwingungsmeßgeräten) begannen. Heute ist Hewlett-Packard ein Computer- und Meßgerätekonzern. Der Weltjahresumsatz liegt bei über 4 Mrd. Dollar; weltweit arbeiten fast siebzigtausend Menschen für Hewlett-Packard. Die Legenden der Firmengründungen im Silicon Valley sind meist nach diesem Muster geschrieben: Zwei junge Leute haben eine Idee, sie geben ihr Angestellten-Dasein auf und gründen mit wenig Kapital und viel Enthusiasmus ihre eigene Firma. Eine Garage reicht zunächst als Produktionsstätte.

Steven Jobs und Stephan Wozniak fügten dem 1976 eine kleine Variante an: Sie bauten ihre ersten Apple-Computer im Schlafzimmer der Mutter von Jobs. Diese war von dem Erfolg ihres Sohnes überzeugt und zog solange aus - in die Garage. Apple bezeichnet sich heute als Weltmarktführer für Personal-Computer. In nur sieben Jahren wuchs der Umsatz von Null auf über eine Mrd. Dollar.

Aufgabe:
Warum entstanden die vielen kleinen Computerfirmen in Nachbarschaft der großen (staatlich finanzierten) "Denkfabrik" (Stanford University)?

Silicon Valley und die Nachindustrielle Gesellschaft	M 6.5

Wissenschaftler meinen, die "Nachindustrielle Gesellschaft" habe in Kalifornien bereits begonnen.

Während es mit dem alten "Schornstein-Industrien" des Nordostens und Mittelwestens in den USA bergab geht, die Stahlproduktion den niedrigsten Ausstoß seit 20 Jahren verzeichnet, selbst die Autoindustrie seit 1975 mehr als 450 Fabriken schließen mußte (und dabei 1,9 Mio. Arbeitsplätze verloren gingen), erzielen im Silicon Valley bei San José Microchip- und Computerhersteller große Gewinne.

Im Silicon Valley werden (laut US-Arbeitsministerium) die Arbeitskräfte der Zukunft gesucht: Computerfachleute, Elektroniker, Raumfahrtingenieure. Immer weniger Amerikaner werden im warenproduzierenden Bereich tätig sein.

Gute Beschäftigungsmöglichkeiten erhofft man auch noch im Gesundheitswesen, in der Nachrichtentechnik, der Pharmazie und im Gaststättenwesen.

Aufgaben:

1. Welche Industrien könnten mit "Schornstein-Industrien" gemeint sein? Werte dazu die Wirtschaftskarte der USA aus.

2. Welche Kennzeichen könnten Mikroelektronik-Betriebe haben? Denke an Standortfaktoren wie Rohstoffe, Energie, Absatz, Arbeitskräfte, Fühlungsvorteile...

3. Welche Folgen für die Gemeinden hat die Ansiedlung von Computerfirmen?

4. Was versteht man unter "Nachindustrieller Gesellschaft"? Wo liegt der Unterschied zur Industriellen Gesellschaft?

| M 6.6 | **Kennzeichen des Gunstraumes Silicon Valley** |

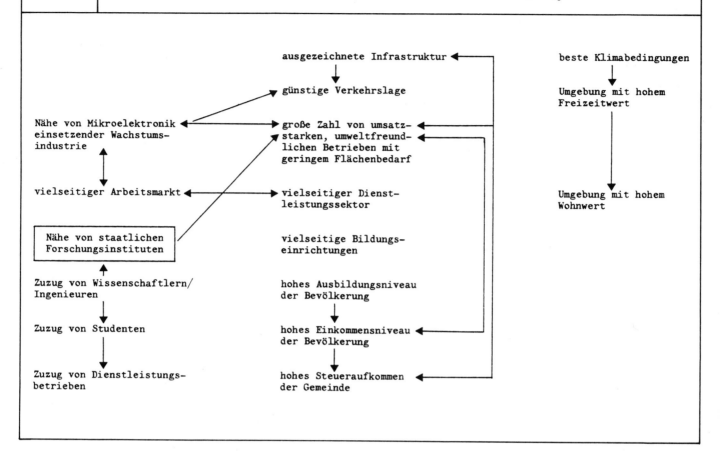

| M 6.7 | **Jungunternehmer in den USA** |

Der alte Traum des Tellerwäschers, der es zum Millionär bringt, ist noch immer ein Stück amerikanischer Realität – wenn auch der heutige "Tellerwäscher" meist einen Universitätsabschluß besitzt: Die Zukunft liegt in den Händen junger Wissenschaftler und Erfinder, die ihre Ideen in die Tat umsetzen.
In den USA haben die jungen, aus dem Nichts geschaffenen Unternehmen in den letzten zehn Jahren über 3 Mio. neue Arbeitsplätze geschaffen. Die tausend größten US-Firmen schafften in der gleichen Zeitspanne praktisch keine zusätzlichen Jobs – eher das Gegenteil.
Benjamin Rosen, Analytiker der Elektroindustrie und Förderer neuer Unternehmen, behauptet: "Die neuen Firmen sind das echte Rückgrat der amerikanischen Wirtschaft. Wir vergeuden heute zu viele Energien, um sterbende Industrien wie Auto und Stahl zu retten, anstatt den Neuen zu helfen." – Die Statistik gibt seiner Analyse jedoch nur bedingt Recht: Nur jede zehnte neue Firma ist erfolgreich, d.h. sie erwirtschaftet Gewinn. 1981 gaben 17 040 Firmen auf. Aber dieser Unternehmergeist hat in den USA Tradition...

Aufgaben:

1. Eine amerikanische Zeitung behauptet:
   "Die erfolgreichen, risikobereiten Jungunternehmer sind die einzigen, die den Krieg gegen die Armut wirklich aufnehmen."
   Nimm Stellung zu dieser Behauptung.

2. Hast Du schon einmal darüber nachgedacht, aus "Ideen Geld zu machen"?

"cottage - Industrie" in Kalifornien	M 6.8

Eine deutsche Reporterin beobachtete 1982 in Kalifornien:
In der "Lawrence Hall of Science", dem naturwissenschaftlichen Museum der Universität Berkeley, spielen Kinder an Computern: Sie kennen die Computersprachen "Cobol", "Pascal", "Fortran", zumindest aber das einfache "Basic", und wissen auch, was sie mit dem Computer alles machen können: Weltraumkrieg spielen, Städte planen, Unternehmen beraten, einkaufen, kochen, Synthesizer-Musik komponieren, graphische Design entwerfen...
Wenn diese Kinder erwachsen sind, müssen sie nicht mehr jeden Morgen in das Büro fahren. Das Büro steht neben ihrem Bett.
Sie können in mehreren Berufen für mehrere Firmen arbeiten, alles zu Hause von einer Tastatur aus, kleiner als eine Schreibmaschine, die sie mit den Firmen verbindet...
Inzwischen gibt es in Kalifornien 25 000 solcher Ein-Mann-Firmen. Man nennt sie "cottage"-Industrie. Der Software(Programm)-Produzent sitzt, wie sonst z.B. ein Schriftsteller, zu Hause an seinem Schreibtisch. Mit dem Computer steht er mit seinen Auftraggebern in Verbindung. "Das ist die Industrie der Zukunft, das ist die neue Freiheit", schwärmen die ausnahmslos jungen Unternehmer...

Aufgabe:
Wie sieht der Arbeitsplatz der Zukunft aus? Was meinst Du?

Ist Kalifornien zukunftsweisend?	M 6.9

Ist Kalifornien zukunftsweisend oder wird es Opfer seines eigenen Wachstums? Kluge Leute von der Stanford University bemerken hierzu: "Das einzig Verläßliche heute ist die dauernde Veränderung. Der Mensch ist dümmer als die Systeme, die er geschaffen hat".
"Die meisten Menschen gehen logisch an ein Problem heran. Das ist falsch. Wir müssen aus unserem Denkgefängnis auf Seitenwege springen. Wir haben z.B. ein Programm, wo 20 Leute fünf Tage nur mit Ideen spielen. Das bringt enorm viel."

Aufgabe:
Was bedeutet das für Deinen zukünftigen Arbeitsplatz?

Der Preis des Wachstums	M 6.10

Kalifornien zahlt einen hohen Preis für sein schnelles Wachstum: Neben dem höchsten Einkommen hat es auch mit die höchsten Drogenkonsum-, Alkoholismus- und Selbstmordraten Amerikas.
91 % der Bevölkerung wohnen in immer weiter auswuchernden Städten, in denen es zu viele Autos und zu wenig öffentliche Verkehrsmittel gibt. Auch hat Los Angeles noch immer den höchsten Grad der Luftverschmutzung unter allen US-Großstädten.
Daher hat 1982 der Zustrom der Zuwanderer nach Südkalifornien, dem "Urland" des Sonnen-Gürtels (sun-belt), nachgelassen.
Immer mehr Industrien entschließen sich sogar, ihre Firmen in Kalifornien nicht weiter auszubauen (oder neue zu gründen), weil es sich ihre Angestellten nicht mehr leisten können, dort zu leben.
Sie weichen in die Städte der Südweststaaten Arizona und New Mexico aus. In 38 % der Produktionsanlagen werden hier bereits sogenannte "High-Technology-Güter" (Elektronik...) hergestellt.

Aufgabe:
Überlege Dir Gründe, weshalb Firmen in die Städte Arizonas und Neu Mexicos (z.B. Santa Fe) ausweichen.

| M 7.1 | Die Presse berichtet über die Krise der Industrie im Ruhrgebiet |

Das größte und einwohnerstärkste Industriegebiet Deutschlands steckt seit Jahren in einer schweren wirtschaftlichen Krise. Deshalb hat der "Kommunalverband Ruhrgebiet" (KVR), ein Zusammenschluß von 53 Gemeinden mit 5,4 Millionen Einwohnern, bei führenden Wissenschaftlern eine Strukturanalyse in Auftrag gegeben, um die Gründe genauer kennenzulernen.
Das Ergebnis liegt inzwischen vor und ist von zahlreichen Medien aufgegriffen worden.

Aufgaben:
Lies in Gruppenarbeit die beiden ausgewählten Zeitungsartikel durch. Versuche, das "Zeitungsdeutsch" mit Deinen Worten zu erklären.
a) Schreibe auf, welche Ursachen für die Wirtschaftsprobleme verantwortlich gemacht werden. Kennzeichne unverstandene Begriffe.
b) Schreibe auf, welche Schlußfolgerungen und Empfehlungen abzuleiten sind.

Vernichtende Kritik am Wirtschaftskurs im Revier
Pessimistische Analyse des Ruhr-Kommunalverbandes

Essen (lnw/vwd). Ein allgemeiner Konjunkturaufschwung wird nicht ausreichen, um auch das Ruhrgebiet aus der wirtschaftlichen Talsohle herauszuführen. Das ist eine Kernaussage der "Strukturanalyse", die der Kommunalverband Ruhrgebiet (KVR) gestern in Essen der Verbandsversammlung vorlegte.
Spätestens seit Mitte der 70er Jahre hat das Ruhrgebiet gegenüber anderen Regionen "deutlich an Boden verloren", heißt es in der Analyse. So wuchs die Arbeitslosigkeit im Revier von 1976 bis 1981 um 51 Prozent, während der Bundesdurchschnitt "nur" bei 38,5 Prozent lag. Ursache dafür war ein gravierender Verlust an Arbeitsplätzen, der im Ruhrgebiet mit 6,7 Prozent fast zweieinhalb Mal so hoch ausfiel wie im Bundesgebiet.
Als wesentlichen Grund für diese Negativentwicklung nennt die Analyse einen deutlichen Mangel an Anpassungsfähigkeit: "Die Ruhrgebietswirtschaft hat allem Anschein nach nur in unterdurchschnittlichem Ausmaß durch Modernisierung auf die Nachfrageveränderungen reagiert. Weder wurde in hohem Maße in die Entwicklung neuer Produkte investiert, noch sind auf der Kostenseite besondere Anpassungen zu verzeichnen. Vor allem die nur geringen Aktivitäten bei Forschung und Entwicklung lassen angesichts des hohen prognostizierten Anpassungsdrucks befürchten, daß die Ruhrgebietswirtschaft auch in Zukunft nur eine geringe Anpassungsfähigkeit aufweisen wird". Ohne grundlegenden Wandel in diesen Bereichen bestehe "die Gefahr, daß nur wenig Substanz übrig bleibt, um eine neue Industriestruktur aufzubauen".
Bei einer Untersuchung der zehn umsatzstärksten Industriezweige des Ruhrgebiets kam der KVR zu dem Schluß, daß von ihnen in Zukunft nur wenig Wachstumsimpulse für die Region zu erwarten sind.

RUHRGEBIET/Nicht ausreichend angepaßt

Analyse: Revier braucht noch zusätzliche Impulse

vwd Essen. Ein allgemeiner Konjunkturaufschwung wird nicht ausreichen, um auch das Ruhrgebiet aus der wirtschaftlichen Talsohle herauszuführen. Vielmehr sind dafür zusätzliche Anstrengungen unter anderem auf bisher vernachlässigten Feldern wie Forschung und Entwicklung neuer Produkte erforderlich. Das ist das Ergebnis einer "Strukturanalyse", die der Kommunalverband Ruhrgebiet (KVR) in Essen vorgelegt hat.
Spätestens seit Mitte der 70er Jahre habe das Ruhrgebiet gegenüber anderen Regionen "deutlich an Boden verloren", heißt es in der Analyse. Die Wirtschaft an der Ruhr habe sich nicht ausreichend angepaßt und "nur in unterdurchschnittlichem Ausmaß durch Modernisierung auf die Nachfrageveränderung reagiert". Ohne grundlegenden Wandel bei Forschung und Entwicklung bestehe "die Gefahr, daß nur wenig Substanz übrig bleibt, um eine neue Industriestruktur aufzubauen".
Außerdem sei die Ruhrwirtschaft wegen der vorgegebenen Umweltbelastung weit überdurchschnittlich von Umweltschutzmaßnahmen betroffen gewesen. Städtebauliche Regelungen hätten zudem Umstrukturierungen von Betrieben im Ballungsraum kostspieliger als anderswo gemacht. Bei einer Untersuchung der 10 umsatzstärksten Industriezweige des Ruhrgebiets, die 1980 fast 80 % des industriellen Gesamtumsatzes und der Industriebeschäftigten repräsentierten, kam der KVR zu dem Schluß, daß von ihnen in Zukunft nur wenig Wachstumsimpulse für die Region zu erwarten sind. In nahezu allen diesen Branchen wurden negative Abweichungen vom Bundestrend festgestellt.

Wachsende Arbeitslosigkeit - einseitige Wirtschaftsstruktur | M 7.2

Anteil der Erwerbstätigen 1970 und 1982 (in %)

	Ruhrgebiet 1970	Ruhrgebiet 1982	BRD 1970	BRD 1982
Land- und Forstwirtschaft	1,5	1,3	9,1	5,0
Produzierendes Gewerbe* (incl. Bergbau)	58,4	49,8	49,4	43,8
Dienstleistungsbereich	40,1	48,9	41,5	51,2
insgesamt	100,0	100,0	100,0	100,0

* umfaßt vor allem die Industrie

Aufgaben:
1. Vergleiche die Bedeutung des Produzierenden Gewerbes im Ruhrgebiet und in der Bundesrepublik Deutschland.
2. Welcher Trend ist allgemein bei einem Vergleich zwischen 1970 und 1982 festzustellen?

Die Unterschiede werden noch deutlicher, wenn man die Beschäftigungsstruktur des Produzierenden Gewerbes (Bergbau und Verarbeitendes Gewerbe) vergleicht:

Beschäftigungsstruktur 1984 des Bergbaus und des Verarbeitenden Gewerbes

Grundstoff- und Produktionsgütergewerbe: 197 623 32,2% / 1 371 516 20,0%

Bergbau: 127 715 20,8% / 217 530 3,2%

Nahrungs- und Genussmittelgewerbe: 27 705 4,5% / 449 581 6,6%

Investitionsgüter produzierendes Gewerbe: 216 679 35,3% / 3 487 700 50,9%

Verbrauchsgüter produzierendes Gewerbe: 44 795 7,3% / 1 327 324 19,4%

☐ Ruhrgebiet
☐ Bundesrepublik

Zur Erklärung: NE = Nichteisen (z.B. Kupfer); EBM-Waren = Eisen-, Blech- und Metallwaren.

Zum **Grundstoff- und Produktionsgütergewerbe** gehören z.B.: Eisenschaffende Industrie, Mineralölverarbeitung, Chemische Industrie, NE ("nichteisen") - Metallerzeugung (z.B. Kupfer)

Zum **Investitionsgüter produzierenden Gewerbe** gehören z.B.: Maschinenbau, Straßenfahrzeugbau, Stahl- und Leichtmetallbau, Elektrotechnische EMB (Eisen, Blech, Metall)-Waren.

Aufgabe:
Stelle fest, in welchen Bereichen das Ruhrgebiet besonders hohe Anteile besitzt, so daß man hier von einer relativ einseitigen Industriestruktur spricht.

Gerade die in dieser Region besonders wichtigen Industriebereiche gehören zu den sogenannten Schrumpfungsbranchen. Allein von 1977 bis 1980 gingen ca. 43 300 industrielle Arbeitsplätze verloren, davon:
16 800 im Grundstoff- und Produktionsgüter produzierenden Gewerbe (bes. Stahlindustrie)
10 300 im Bergbau
 9 200 im Investitionsgüter produzierenden Gewerbe
Von 1961 bis 1980 gingen ca. 390 000 Arbeitsplätze vor allem aus den genannten Industriebereichen verloren.
Auch bei der Umsatzentwicklung von 1977 - 1980 schnitten die Industriebranchen des Ruhrgebietes im Vergleich zur Bundesrepublik schlechter ab.

Aufgaben:
1. Belege diese Aussage mit Hilfe der folgenden Graphik und berichte darüber!
2. Nachdem Ihr Euch einen Überblick über die wichtigsten Industriebranchen und ihre Entwicklung verschafft habt, setzt Euch mit der Gruppe M 7.3 zusammen, die die "Nachfrageveränderungen nach Industrieprodukten" erarbeitet hat.
Versucht, ein Gesamtergebnis für Bedeutungsveränderung im Ruhrgebiet zu formulieren.

Durchschnittliches jährliches Umsatzwachstum in % 1977 - 1980 (Umsatz real)

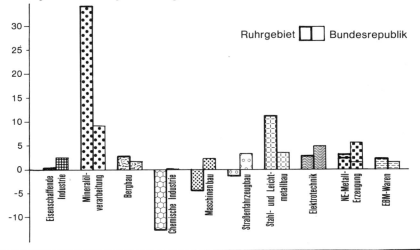

| M 7.3 | Was bedeutet "Nachfrageveränderung nach Industrieprodukten" für das Ruhrgebiet? |

In den letzten Jahren hat sich die Nachfrage aus dem In- und Ausland nach Industrieprodukten deutlich verändert; d.h. es werden heute andere Industriegüter bevorzugt gekauft als noch vor 10 Jahren. Es ist zu prüfen, ob die Ruhrgebietsindustrie dadurch Nachteile hat.

Aufgabe:
Vergleiche die beiden folgenden Abbildungen und stelle fest, ob die umsatzstärksten Ruhrgebietsindustrien zugleich auch die "deutschen Trümpfe für den Weltmarkt" produzieren.

Umsatz der 10 wichtigsten Branchen im Ruhrgebiet (Stand 1980)

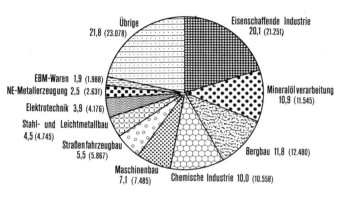

Deutsche Trümpfe auf dem Weltmarkt

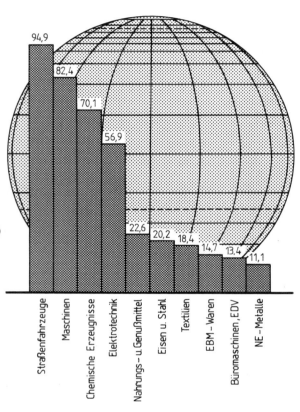

Die **Kunden aus dem Ausland** wünschen in zunehmendem Maße forschungsbezogene Produkte modernster Technologie, die im Ruhrgebiet nicht in gleichem Umfang produziert werden wie im Bundesdurchschnitt. So hat z.B. die Elektrotechnik ihren Exportanteil stark ausgeweitet. Im Ruhrgebiet ist sie mit 3,9 % Umsatzanteil aber nur schwach vertreten.

Auch die private und staatliche **Nachfrage aus dem Inland** hat sich in Richtung auf technologisch höherwertige Güter verschoben. So werden z.B. energiesparende Industrieprodukte oder Anlagen, die dem Umweltschutz dienen, eher von Firmen in Baden-Württemberg als im Ruhrgebiet hergestellt. Traditionell hier produzierte Zwischenprodukte (besonders aus Metall) unterliegen einem steigenden Wettbewerbsdruck, da sie teilweise durch Kunststoffe ersetzt werden.

Fazit: Die Ruhrgebietsindustrie ist wegen ihrer relativ einseitigen Industriestruktur (Konzentration auf wenige Branchen) besonders stark von den Nachfrageverschiebungen im In- und Ausland betroffen, d.h. die Industrieprodukte des Ruhrgebiets haben im nationalen und internationalen Wettbewerb besonders stark an Boden verloren.

Aufgabe:
Stelle die wichtigsten Ergebnisse zusammen und berichte. Zusammen mit den Ergebnissen der Gruppe M 7.2 soll damit der Bedeutungswandel der Industrien im Ruhrgebiet beschrieben und begründet werden.

Beispiele staatlicher Maßnahmen und ihre Folgen für das Ruhrgebiet | M 7.4

Beispiel 1: Einkäufe staatlicher Stellen
Staatliche Stellen (Regierungen in Bund und Ländern, Gemeinden, Post, Bahn etc.) kauften zunehmend technologisch höherwertige Produkte. Im Ruhrgebiet herrschen aber Industriezweige vor (vgl. M 7.1, M 7.2, M 7.3), die dieser neuen Nachfrage nur relativ wenig anbieten konnten.
Betriebe, die stark auf staatliche Aufträge angewiesen waren, mußten zahlreiche Mitarbeiter entlassen.

Beispiel 2: Hilfen durch staatliche Forschungs- und Entwicklungspolitik ("F u. E-Politik") ?
Offensichtlich haben wichtige Teile der Ruhrgebietsindustrie nicht im erforderlichen Maße neue Produkte entwickelt, die die Kunden haben wollen. Die Forschungs- und Entwicklungsaufgaben werden durch Gelder aus der "F u. E-Politik" unterstützt. Ist das Ruhrgebiet von der Bundesregierung "vergessen worden"?

Aufgaben:
1. Versuche, diese Frage durch Interpretation der beiden folgenden Abbildungen zu klären.
2. Beachte besonders bei Abb. 2 die unterschiedliche Förderung bei den Wachstumsindustrien "Chem. Ind. u. Mineralölverarb.", "Kunststoff...", "Stahl-, Maschinen- und Fahrzeugbau" und "Elektrotechnik", da diese Branchen die heute gefragten technologisch hochwertigen Produkte herstellen.
3. Zu Abb. 1: Warum sagt der etwas höhere Gesamtwert (je Beschäftigten) des Ruhrgebiets gegenüber dem der Bundesrepublik nichts aus über die tatsächliche staatliche Förderung der Ruhrgebietsindustrien, die **moderne Produkte** entwickeln müßten?

Staatliche Fördermittel für Entwicklungsprojekte* 1977 und 1978 im Ruhrgebiet und in der Bundesrepublik Deutschland:

- in DM pro Beschäftigten - (insgesamt)

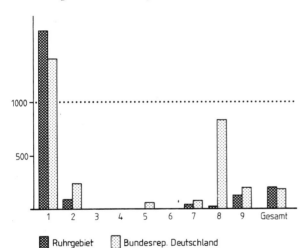

- in DM pro Beschäftigten im Produzierenden Gewerbe -

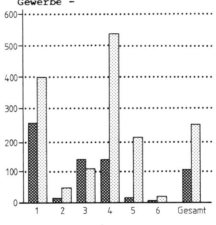

■ Ruhrgebiet ░ Bundesrep. Deutschland

1. Energie- und Wasserversorgung, Bergbau
2. Verarbeitendes Gewerbe
3. Baugewerbe
4. Handel
5. Verkehr und Nachrichtenübermittlung
6. Banken und Versicherungen
7. Dienstleistungen von privaten Unternehmen und freien Berufen
8. Organisationen ohne Erwerbscharakter
9. Staat

Abb. 1

■ Ruhrgebiet ░ Bundesrep. Deutschland

1. Chem. Ind. u. Mineralölverarb. Kunststoff, Gummi-Asbestverarb.
2. Gewin. u. Verarb. v. St. u. Erden, Feink. u. Glas
3. Metallerz. und -bearbeitung
4. Stahl-, Maschinen- u. Fahrzeugbau
5. Elektrotechnik, Feinmech., Herst. v. EBM-W.
6. Holz-, Papier- und Druckgewerbe, Leder-, Textil- und Bekleidungsgewerbe, Nahrungs- und Genußmittelgewerbe

Abb. 2

* gezahlt vom Bundesministerium für Forschung und Technologie, z.B. für neue Technologien oder die Entwicklung neuer Produkte

Anmerkung:
Die staatlichen Fördermittel sind Angebote an die Unternehmen, die sie allerdings nur dann bekommen, wenn sie selbst aktiv werden; d.h. Anträge stellen und finanzielle Eigenbeteiligungen bereitstellen. Neben zu geringer Risikobereitschaft und fehlender finanzieller Mittel der Ruhrgebietsunternehmen hemmt der Staat aber auch durch Gesetze und Politik (vgl. dazu M 7.5).

M 7.5 — Umweltschutz im Ruhrgebiet: einerseits dringende Aufgabe, andererseits Gefährdung von Industriebetrieben?

Die Verbesserung der Umweltsituation im Ruhrgebiet hat eine besondere Bedeutung. Als industrieller Ballungsraum mit hoher Verkehrs- und Bevölkerungsdichte und einer hohen Energieproduktion (in den Kraftwerken) ist dieser Raum deshalb so stark belastet, weil die hier vorherrschende Industrie (z.B. Chemie, Mineralölverarbeitung, Metallerzeugung etc.; vgl. M 7.2 und M 7.3) und der Bergbau sowohl Wasser und Luft verschmutzen als auch Lärm erzeugen.

Erfreulicherweise wird für das Ruhrgebiet seit längerem ein Rückgang der Immissionswerte gemessen (nur die Schwefeldioxidwerte sind seit 1975 gleich geblieben).

Für die Industriebetriebe bedeutet der Bau von Kläranlagen oder der Einbau von Filtern eine starke Kostenbelastung. Auch ist es für die Ruhrgebietsindustrie aufwendiger, die gesetzlich vorgeschriebenen Grenzwerte zu erreichen, weil im gleichen Raum sich oft eine größere Zahl von Betrieben als "Verschmutzer" angesiedelt hat. Die Aufwendungen sind daher vergleichsweise höher als in anderen Teilen der Bundesrepublik. Ihre Wettbewerbsfähigkeit ist dadurch im Vergleich geringer geworden.

Fachleute schätzen die Kosten für Umweltmaßnahmen im Ruhrgebiet als dreimal so hoch ein wie im Durchschnitt der Bundesrepublik.

Genaue Zahlen für 1976/77 zeigt die folgende Grafik:

Umweltschutzinvestitionen (in DM) pro Beschäftigten 1976 und 1977 im Ruhrgebiet und in der Bundesrepublik Deutschland

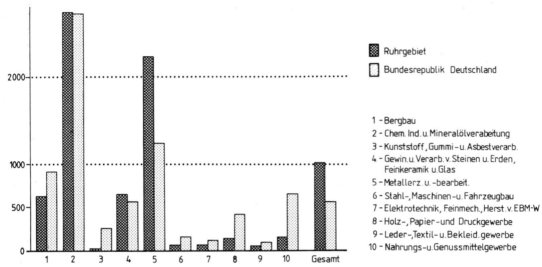

1 - Bergbau
2 - Chem. Ind. u. Mineralölverabeitung
3 - Kunststoff, Gummi- u. Asbestverarb.
4 - Gewin. u. Verarb. v. Steinen u. Erden, Feinkeramik u. Glas
5 - Metallerz. u. -bearbeit.
6 - Stahl-, Maschinen- u. Fahrzeugbau
7 - Elektrotechnik, Feinmech., Herst. v. EBM-W
8 - Holz-, Papier- und Druckgewerbe
9 - Leder-, Textil- u. Bekleid. gewerbe
10 - Nahrungs- u. Genussmittelgewerbe

Die Belastung der Industrie im Ruhrgebiet durch Umweltschutzinvestitionen (pro Beschäftigten) liegt damit um 73 % höher als im Durchschnitt der Bundesrepublik.

Von den in den Jahren 1976 und 1977 insgesamt getätigten Investitionen im Produzierenden Gewerbe entfielen auf Umweltschutzmaßnahmen:
im Ruhrgebiet   8,8 %
in der Bundesrepublik Deutschland   4,2 %

Im Ruhrgebiet dienten:
65,8 % der Luftverbesserung   9,9 % der Lärmverringerung
21,7 % der Gewässerreinigung   2,6 % der Abfallbeseitigung

Aufgaben:
1. Nenne Gründe, warum die Kosten zur Einschränkung der Umweltbelastungen für die Ruhrgebietsindustrie höher liegen als in anderen Teilen der Bundesrepublik Deutschland.
2. Auf welchen Gebieten des Umweltschutzes wurden besonders hohe Investitionen getätigt?
3. Welche Gefahr besteht für das Ruhrgebiet, wenn die Kostenbelastung für Umweltschutzmaßnahmen für die dortigen Industriebetriebe höher liegen als anderswo?
4. Welche Maßnahmen hältst Du aus der Sicht des Umweltschutzes und der damit verbundenen Kosten für die betroffenen Betriebe für erforderlich? (Denke auch an staatliche Maßnahmen).

Zusatz:

Ein Schlupfloch für die Industrie hat die Umweltschutzgesetzgebung gelassen: die neuen Gesetze beziehen sich auf **neue** Anlagen.
Altanlagen genießen einen sogenannten "Bestandsschutz"; d.h. Umweltschutzinvestitionen können gespart werden. Viele Unternehmen finden daher Altanlagen attraktiv.

Aufgaben:
1. Nicht nur aus Umweltschutzgründen ist dieser "Bestandsschutz" kritisch zu sehen; auch für die Unternehmen können sich für die Zukunft deutliche Nachteile ergeben.
   Diskutiert darüber!
2. Welche Industriebetriebe haben von sich aus das größte Interesse am Umweltschutz? (Denke an die jeweils produzierten Güter).

Probleme für die Ruhrindustrie aus der Raumordnungs- und Städtebaupolitik | M 7.6

Ausgewähltes Beispiel: "Der Abstandserlaß"
(= Erlaß des Ministers für Arbeit, Gesundheit und Soziales des Landes Nordrhein-Westfalen: "Abstände zwischen Industrie- bzw. Gewerbegebieten und Wohngebieten im Rahmen der Bauleitplanung")

1. Der historische Hintergrund:
Die schnelle Entwicklung des industriellen Ballungsraumes Ruhrgebiet seit der Mitte des vorigen Jahrhunderts führte dazu, daß die Menschen in der Regel in unmittelbarer Nähe ihres Arbeitsplatzes wohnten. Gründe dafür waren u.a. fehlende Verkehrsmöglichkeiten und Wohnungsangebote der Bergbau- und Industriebetriebe (z.B. Zechensiedlungen, Krupp-Siedlungen). Erst mit zunehmendem Umweltbewußtsein und besseren Verdienstmöglichkeiten streben die Menschen danach, möglichst in ausreichendem Abstand von den umweltbelastenden Industrien zu wohnen.

2. Der Abstandserlaß und seine Folgen
Die Planungs- und Genehmigungsbehörden müssen bei Neubauanträgen für einen Industriebetrieb den Abstandserlaß anwenden, der für mehr als 200 verschiedene Betriebsarten genau festlegt, wie weit sie von einem Wohngebiet entfernt arbeiten müssen (z.B. Kokerei 1 500 m, Polstermöbelfabrik 50 m). Ausnahmen werden nur genehmigt, wenn ein Gutachten nachweist, daß trotz Unterschreitung des geforderten Abstands die zulässigen Immissionswerte nicht überschritten werden.

Aufgabe:
Überlege, welche Folgen daraus für bauwillige Industriebetriebe entstehen. Denke an die hohe Bevölkerungs- und Industriedichte des Ruhrgebiets. Denke auch daran, wodurch Bodenpreise beeinflußt werden.

Die von Euch sicher erkannten Folgen führen u.a. dazu:
- daß bestimmte Industrien im Ruhrgebiet überhaupt keinen Standort mehr finden
- daß andererseits die Gefahr besteht, daß es zu einer totalen Zersiedlung der wenigen außerhalb gelegenen Restflächen kommt (Denkt an die Naherholung!).

3. Gibt es eine Lösung der Probleme?
a) Wegen der wirtschaftlichen Folgen hat die Landesregierung den Abstandserlaß von 1974 im Jahre 1982 geändert.

Aufgabe:
Diskutiert die wenigen Beispiele der folgenden Tabelle (Denkt an die unterschiedlichen Folgen aus der Sicht der Industrie, der Gewerkschaften, der Umweltschützer).

Vorgeschriebene Abstände zwischen Industrie- und Gewerbegebieten und Wohngebieten (ausgewählte Beispiele aus über 200 Betriebsarten).

Betriebsart	nach Abstandserlaß 1974	nach Abstandserlaß 1982
Kokereien	1 500 m	1 500 m
Hochofenwerke	1 000 m	1 200 m
Anlagen zur Herstellung von Textilien	200 m	100 m
Anlagen zum Bau von Kraftfahrzeugkarosserien	300 m	200 m
Maschinenfabriken	300 m	200 m
Betriebe zur Herstellung von Fertiggerichten	150 m	100 m

b) Die Knappheit von geeigneten (und nicht zu teuren) Flächen für die Industrieansiedlung ist als Hemmnis für die Wirtschaft erkannt worden. Seit 1979 versucht die Landesregierung, durch den sogenannten "Grundstücksfonds Ruhr" Zechen-, Industrie- und Verkehrsbrachflächen aufzukaufen. 5 Jahre lang stehen jährlich 100 Mio. DM dafür zur Verfügung. Die Gemeinden können dann die Flächen von Bauresten usw. befreien und planen. Nach einem Verkauf fließt das Geld an den Fonds zurück.
Die folgende Abbildung zeigt, in welchen Gemeinden bis 1982 Flächen erworben werden konnten.

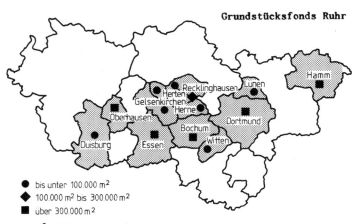

Grundstücksfonds Ruhr

● bis unter 100.000 m²
◆ 100.000 m² bis 300.000 m²
■ über 300.000 m²

Aufgabe:
Wertet die Karte aus. Stellt mit Hilfe einer Atlaskarte fest, welche Industrien in diesen Städten bisher dominierten.

c) Bis 1982 wurde vom "Grundstücksfonds Ruhr" ca. 3 Mio. m² Fläche erworben.

Bisherige Nutzung dieser Fläche:
Zechengelände ca. 2 Mio. m²
Industriefläche ca. 1 Mio. m²

Zukünftige Nutzung:
Gewerbe / Industrie ca. 1 700 000 m²
Wohnen ca. 90 000 m²
Freizeit / Erholung ca. 900 000 m²
öffentliche Flächen
(z.B. Straßen, Wege, Grünflächen) ca. 250 000 m²

Aufgabe:
Bewerte den Erfolg des "Grundstücksfonds Ruhr". Informiere Dich vorher, wieviel Fläche ein mittlerer Industriebetrieb (evtl. aus Deiner Umgebung) benötigt.

| M 7.7 | Staatliche Wirtschaftsförderung in der BR Deutschland |

Zur finanziellen Unterstützung wirtschaftlich schwacher Regionen (z.B. wenig industrialisierte Gebiete oder solche, die als Folge des Strukturwandels einen Teil ihrer Leistungsfähigkeit eingebüßt haben) ist die Gemeinschaftsaufgabe (GA) "Verbesserung der regionalen Wirtschaftsstruktur" eingerichtet worden. Aus Mitteln des Bundes und des jeweiligen Landes werden Zuschüsse zu Investitionen bis zu einem bestimmten Prozentsatz gegeben, u.a. für:
- die Ansiedlung neuer und die Erweiterung bereits bestehender Betriebe wachstums- und produktivitätsintensiver Zweige der gewerblichen Wirtschaft und
- die Umstellung auf zukunftsträchtige Erzeugnisse.

Um die begrenzten Mittel möglichst wirksam zu konzentrieren, sind sogenannte "Schwerpunktorte" der Förderung festgelegt. Die Fördergebiete werden immer wieder überprüft und ggf. neu bestimmt.

Aufgaben:
1. Zur Klärung:
   a) Suche Beispiele für "wachstumsintensive" Zweige der gewerblichen Wirtschaft (Industrie). Das Gegenteil sind "schrumpfende Industriezweige" wie z.B. Textilindustrie.
   b) Suche Beispiele für "zukunftsträchtige Erzeugnisse" (z.B. Kleincomputer).

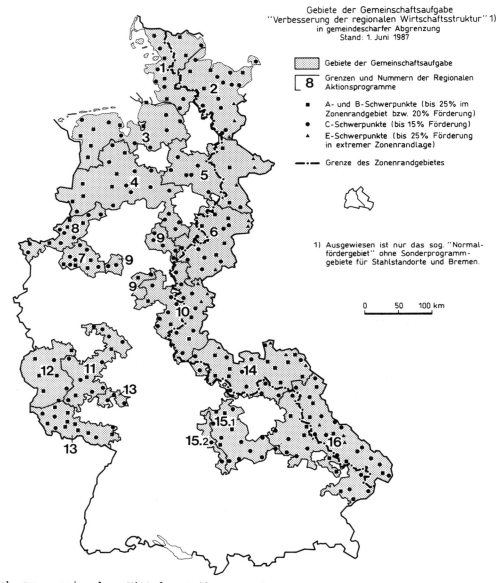

2. Äußere Dich zur regionalen Mittelverteilung. Bedenke dabei die bisher erkannten Probleme des Ruhrgebiets. Beziehe Aufgabe 3 in Deine Überlegungen mit ein.
3. Fachleute haben festgestellt, daß einige der im Ruhrgebiet dominierenden Branchen in den 70er Jahren nicht dort, sondern in Fördergebieten außerhalb investiert haben. Sprich über die Folgen und evtl. über notwendige Veränderungen bei der staatlichen Wirtschaftsförderung.

| | Staatliche Wirtschaftsförderung im Ruhrgebiet | M 7.8 |

M 7.9 zeigt, welche Investitionshilfen aus "GA-Mitteln" oder durch die "ergänzende Landesförderung" angeboten wurden. Das sagt aber noch nichts darüber aus, ob die gewerbliche Wirtschaft auch tatsächlich investiert hat; denn dazu sind ja noch beträchtliche Eigenmittel erforderlich. Ein Unternehmer investiert in der Regel nur dann, wenn er an dem vorgesehenen Standort in naher Zukunft ausreichende Umsätze und Gewinne erwartet.

Aufgaben:
1. Versuche mit Hilfe einer neueren Wirtschaftskarte (Atlas) festzustellen, welche Wirtschaftsbereiche in den mit GA-Mitteln geförderten Regionen vorherrschen. Erklärung!
2. Die folgende Tabelle gibt Auskunft über die tatsächlich getätigten Investitionen im Ruhrgebiet.
   a) Ergänze die beiden leeren Spalten.
   b) Zeichne auf einer Deckfolie zu M 7.9 die Investitionssummen und geförderten Arbeitsplätze ein (Säulendiagramme).
   c) Äußere Dich zum Erfolg der staatlichen Förderprogramme (mit Beispielen belegen).

Ergebnisse der regionalen Wirtschaftsförderung* 1980 bis 1982
– Nur Schwerpunktorte mit einer Investitionssumme über 100 Mio. DM –

Schwerpunktort	Investitionen in Mio. DM	geförderte Arbeitsplätze	%-Satz der Förderung	Stichworte zur Wirtschaftsstruktur (nach Atlaskarten oder anderem Informationsmaterial)
1. Marl	606,3	410	_____ %	_____
2. Bochum	358,5	1 927	_____ %	_____
3. Werne	299,1	828	_____ %	_____
4. Herne	240,8	1 077	_____ %	_____
5. Castrop-Rauxel	222,6	648	_____ %	_____
6. Dortmund	221,7	1 181	_____ %	_____
7. Lünen	160,5	597	_____ %	_____
8. Recklinghausen	136,5	740	_____ %	_____
9. Bottrop/Gladbach	135,7	823	_____ %	_____
10. Essen	131,9	529	_____ %	_____
11. Unna	120,8	734	_____ %	_____
12. Duisburg	104,9	672	_____ %	_____

* Förderung der gewerblichen Wirtschaft (ohne Fremdenverkehr) aus Mitteln der Gemeinschaftsaufgabe "Verbesserung der regionalen Wirtschaftsstruktur" (GA) **und** der ergänzenden Wirtschaftsförderung des Landes NRW.

Die Eisen- und Stahlindustrie der BR-Deutschland steht seit 1974 ununterbrochen in einer schweren Krise und hat von 1974 bis 1985 ca. 85 000 Arbeitsplätze verloren. Daher sah sich die "Gemeinschaftsaufgabe" gezwungen, ein "Sonderprogramm zur Schaffung neuer Ersatzarbeitsplätze außerhalb der Eisen- und Stahlindustrie", das sogenannte "Stahlstandorteprogramm", einzurichten. Im Ruhrgebiet können davon profitieren:
- die kreisfreien Städte Duisburg, Oberhausen, Bochum, Dortmund,
- der Landkreis Unna,
- aus dem Enneppe-Ruhr-Kreis die Städte Hattingen und Witten.

Als neue "Schwerpunktorte" mit dem Förderhöchstsatz von 15 % (**zusätzlich** können bis 15 % Landesmittel gewährt werden) gehören dazu: Bochum, Witten, Dortmund, Unna, Duisburg und Oberhausen.
1982 wurden in Nordrhein-Westfalen aus dem "Stahlstandorte-Sonderprogramm" 453,1 Mio. DM Investitionssumme gefördert, davon entfielen allein auf Dortmund ca. 250 Mio. DM.

Aufgaben:
3. a) Stelle anhand der Arbeitslosenquoten (M 7.10) die Notwendigkeit weiterer Fördermaßnahmen fest (Zähle Beispiele auf.).
   b) <u>Zusatz:</u> Versuche an Beispielen die Gründe für besonders hohe bzw. niedrige Arbeitslosigkeit zu klären (Wirtschaftskarte im Atlas).
4. Welche Folgen ergeben sich u.U. aus der Einrichtung des "Stahlstandorte-Programms" für das Land Nordrhein-Westfalen (vgl. M 7.9) und für die betroffenen Gemeinden (Achte auch auf die veränderten Fördersätze.).
5. Da trotz der beachtlichen staatlichen Hilfsangebote die Investitionen im Ruhrgebiet noch immer vergleichsweise gering ausfallen, ist es notwendig, die Gründe dafür noch einmal in einer Tabelle zusammenfassend aufzuschreiben.
   <u>Zusatz:</u> In einer 2. Spalte sollen die Möglichkeiten zur Überwindung der Entwicklungshemmnisse aufgeschrieben werden.

| M 7.9 | Staatliche Wirtschaftsförderung im Ruhrgebiet |

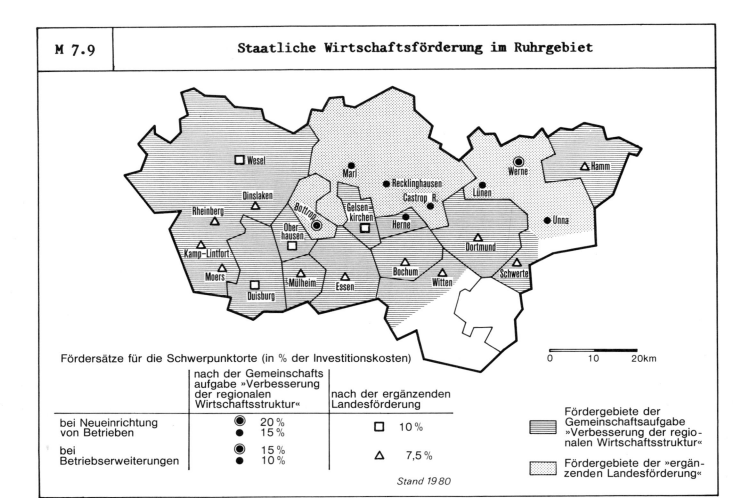

| M 7.10 | Arbeitslosigkeit im Ruhrgebiet |

Arbeitslosenquoten in den Arbeitsamtsbezirken (**Haupt-** und Nebenstellen): - in Prozent - (Stand: September 1986)

Bochum	**14,6 %**	**Hamm**	**13,0 %**
Herne	16,9 %	Kamen	12,2 %
Dortmund	**16,6 %**	Unna	11,2 %
Lünen	16,0 %	**Oberhausen**	**14,7 %**
Schwerte	11,7 %	Mülheim	12,0 %
Duisburg	**15,7 %**	**Recklinghausen**	**13,2 %**
Duisburg-Hamborn	17,5 %	Castrop-Rauxel	17,5 %
Rheinhausen	12,1 %	Datteln	10,9 %
Essen	**14,7 %**	Dorsten	13,5 %
Hagen	**12,4 %**	Herten	14,0 %
Gevelsberg	8,0 %	Marl	12,9 %
Hattingen	13,7 %	**Wesel**	**15,6 %**
Schwelm	9,0 %	Dienslaken	12,4 %
Wetter	9,4 %	Kamp-Lintfort	10,5 %
Witten	11,8 %	Moers	10,8 %
Zum Vergleich:			
Nordrhein-Westfalen	10,5 %	BR Deutschland	8,2 %

Wichtige Industrie- Entwicklungsmerkmale Malaysias im Vergleich mit ausgewählten Entwicklungsländern und der BR Deutschland

M 8.1

Indikator Land	Bev. in Mio. 1985	Fläche in 1000km²	BIP* in Mio.US-$ 1985	Anteil der Industrie am BIP in % 1965	Anteil der Industrie am BIP in % 1985	Durchschn. jährliche Wachstumsraten des BIP (Ind.) in % 1960 bis 1970	Durchschn. jährliche Wachstumsraten des BIP (Ind.) in % 1970 bis 1980	Verarbeitendes Gewerbe (=Industrie) Wertschöpfung** in Mio.US-$ 1984	Verteilung der Wertschöpfung in % (1984) Nahrungsmittel und Landwirtschaft	Textilien und Bekleidung	Maschinenbau, Elektrotechnik und Fahrzeuge	Chemische Erzeugnisse	übriges Verarbeitendes Gewerbe
Malaysia	15,6	330	31 270	25	35***	.	9,7	6 770	18	6	28	4	44
Singapur	2,6	1	17 470	24	37	12,5	8,8	3 854	3	4	52	6	35
Hongkong	5,4	1	30 730	40	31	.	.	.	.	.	.	.	.
Indonesien	162,2	1 919	86 470	13	36	5,2	11,1	13 165	20	7	7	6	60
Sri Lanka	15,8	66	5 500	21	26	6,6	4,0	834	44	15	4	7	30
Bundesrepublik Deutschland	61,0	249	624 970	53	40	5,2	1,2	265 225	10	5	41	9	35

* **BIP:** Das Bruttoinlandsprodukt (BIP) ist eine Meßgröße der wirtschaftlichen Leistungskraft des betreffenden Staates. Es erfaßt die in dem genannten Staat in einer bestimmten Periode (z.B. in einem Jahr) produzierten Güter und bereitgestellten Dienstleistungen.
** **Wertschöpfung:** Hier sind die innerhalb des Jahres 1984 durch die Fertigwarenindustrie neu geschaffenen Werte gemeint. Die Wertschöpfung umfaßt u.a. Löhne, Gehälter und Betriebsgewinne.
*** Wert von 1984.

| M 8.2 | Exporte wichtiger Güter aus Malaysia 1975 und 1986 |

Güter	1975		1986	
	Mio. M-$	%	Mio. M-$	%
Kautschuk	2 022	21,9 %	2 986	8,9 %
Palmöl	1 320	14,3 %	2 885	8,6 %
Rundhölzer	674	7,2 %	2 483	7,4 %
Zinn	1 209	13,1 %	537	1,6 %
Rohöl und Erdgas	729	7,9 %	7 683	22,9 %
Industrieprodukte	1 975	21,4 %	13 589	40,5 %
Sonstige	1 302	14,1 %	3 389	10,1 %
Gesamtexport	9 231	100,0 %	33 552	100,0 %

1 M-$ = 1,05 DM (1980)

Aufgaben:

1. Stelle fest, bei welchen Produkten sich die größten Veränderungen ergeben haben. Wozu werden sie benötigt? Diskutiert die Gründe und die Folgen.

2. Überprüfe, in welchen Landesteilen die jeweiligen Produktionsschwerpunkte liegen (Atlas, evtl. M 8.7 verwenden)!

3. Diskutiert, welche Bedeutung die 5 erstgenannten Güter für die Industrie Malaysias haben (vgl. M 8.7) oder in Zukunft haben könnten.

| M 8.3 | Importe wichtiger Güter nach Malaysia 1965 und 1985 (in %) |

	1965	1985
Nahrungsmittel	25,0 %	11,0 %
Brennstoffe	12,0 %	10,0 %
Sonstige Rohstoffe	10,0 %	5,0 %
Maschinenbau, Elektrotechnik, Fahrzeuge	22,0 %	46,0 %
Übriges Verarbeitendes Gewerbe	31,0 %	28,0 %
Gesamtimport	100,0 %	100,0 %

Aufgaben:

1. In welchen Bereichen müssen die meisten Güter eingeführt werden?

2. Bewerte die zwischen 1965 und 1985 eingetretenen Veränderungen.

Verteilung der Verarbeitenden Industrie in den Bundesstaaten West-Malaysias 1981 – nach Branchen – | M 8.7

—·—·— Landesgrenze
– – – – Staatengrenze

BRANCHEN
- Nahrungsmittel
- Bekleidung
- Holz, Möbel
- Papier, Druck
- Chemie, Gummi, Erdöl
- Keramik, Glas, Zement
- Hüttenindustrie
- metallverarb. Industrie
- sonst. verarb. Industrie
- Rest

BESCHÄFTIGTE
- 125 000
- 100 000
- 50 000
- 25 000
- 10 000
- 5 000
- 2 000

Struktur der Wirtschaftsbereiche (Sektoren) in Malaysia | M 8.4

	Bruttoinlandsprodukt (BIP) 1985 Mio.M-$	%	durchschnittl. jährliche Wachstumsrate 1971–1980 %	Beschäftigte 1979 %	Beschäftigte 1985 %
Land- und Forstwirtschaft Fischerei	11 914	20,8	4,3	36,5	33,8
Bergbau	5 985	10,5	4,6	1,1	1,1
Industrie	11 263	19,7	12,5	18,6	15,1
Baugewerbe	2 738	4,8	9,6	5,2	6,9
Transport, Nachrichtenübermittlung	3 630	6,4	11,3	4,5	4,8
Handel	6 911	12,1	7,5	14,4	–
Dienstleistungen (priv. u. staatl.)	12 050	21,1	9,2	18,6	16,8
Übrige Sektoren	2 659	4,6	–	1,1	–
Gesamt	57 150	100,0	–	100,0	–

1 DM ≙ 0,99 M-$ (1985)

Aufgaben:

1. Bewerte die Anteile der verschiedenen Wirtschaftsbereiche und die Veränderungen. Achte besonders auf die Industrie.
2. Was sagen Dir diese Zahlen in Hinblick auf die immer noch hohe Arbeitslosigkeit in Malaysia? Vergleiche dazu die Beschäftigtenzahlen (in %) in der Bundesrepublik Deutschland und stelle fest, in welchen Bereichen in Malaysia noch der größte Rückstand besteht.

M 8.8	Verteilung von Armut und Pro-Kopf-Einkommen in West-Malaysia		
	I		II
Staat	Anteile der Haushalte* unterhalb der Armutsgrenze in %		Pro-Kopf-Einkommen in DM
	1970	1980	1980
Selangor	29,2 %	15,6 %	2 700 DM
Penang	43,7 %	29,5 %	2 003 DM
Pahang	43,2 %	32,0 %	1 263 DM
Johore	45,7 %	27,3 %	1 467 DM
Negri Sembilan	44,8 %	26,7 %	1 544 DM
Perak	48,6 %	38,7 %	1 346 DM
Malacca	44,9 %	29,1 %	1 249 DM
Trengganu	68,9 %	51,4 %	1 119 DM
Kedah/Perlis**	64,5 %	54,3 %	933 DM
Kelantan	76,1 %	59,2 %	716 DM
West-Malaysia ges.	49,3 %	35,1 %	

* Als Armutsgrenze werden 1 400 M-$/Jahr und Haushalt (≙ 1 440,00 DM) als Hilfsgröße angenommen.
** Daten für diese beiden Staaten werden nur zusammen veröffentlicht.

Aufgaben:

1. Stelle die regionalen Unterschiede fest.
2. Versuche Zusammenhänge zu erkennen und Begründungen zu geben (vgl. M 8.7, M 8.9 und M 8.10).

M 8.9

a) Bevölkerung und Volksgruppen in West-Malaysia 1980

Staat	Bevölkerung	Prozentualer Anteil der			
		Malaien	Chinesen	Inder	Sonstige
Selangor	2 094 684	36,0 %	45,5 %	17,7 %	0,8 %
Penang	937 705	31,0 %	55,9 %	11,5 %	1,6 %
Pahang	662 386	62,7 %	29,8 %	7,2 %	0,3 %
Johore	1 641 339	54,1 %	38,9 %	6,6 %	0,4 %
Negri Sembilan	599 980	45,5 %	37,8 %	16,3 %	0,4 %
Perak	1 956 362	43,9 %	41,8 %	14,0 %	0,3 %
Malacca	504 626	52,9 %	38,6 %	7,9 %	0,6 %
Trengganu	533 992	94,4 %	4,9 %	0,6 %	0,1 %
Kedah	1 192 550	71,2 %	19,0 %	8,2 %	1,6 %
Perlis	146 368	78,5 %	16,7 %	2,2 %	2,6 %
Kelantan	898 585	93,0 %	5,2 %	0,8 %	1,0 %
	11 168 577				

b) Anteil der Volksgruppen in Malaysia (in %)

	Bevölkerung		Beschäftigte in den Wirtschaftssektoren 1985		
	1980	1985	Primärer*	Sekundärer**	Tertiärer***
Malaien	53,9 %	56,5 %	73,2 %	41,2 %	51,2 %
Chinesen	34,9 %	32,8 %	16,3 %	50,0 %	38,9 %
Inder	10,5 %	10,1 %	9,6 %	8,1 %	9,1 %
Sonstige	0,7 %	0,6 %	0,9 %	0,7 %	0,8 %

* Landwirtschaft
** Bergbau, Industrie, Bau
*** Handel, Banken, öffentliche und private Dienstleistungen

Aufgaben:

1. Auswertung:
   a) Berichte über die räumliche Verteilung der ethnischen Gruppen.
   b) Schreibe Zusammenhänge auf, die Dir beim Vergleich mit M 8.7 und M 8.8 auffallen.
   c) Berichte besonders über das "Staatsvolk" der Malaien: Wie zeigt sich ihre wirtschaftliche Situation (bes. Tab. b)? Denke an mögliche Konsequenzen.
2. Zusatzaufgabe: Informiere Dich über die Zugehörigkeit der ethnischen Gruppen zu verschiedenen Religionen. Welche wirtschaftlichen Konsequenzen vermutest Du?

Anteile der Wirtschaftssektoren der Einzelstaaten am BIP des Gesamtstaates in den betreffenden Wirtschaftssektoren 1985 - in % -													M 8.10

Bundesstaat / Sektor	Johore	Kedah	Kelantan	Malacca	Negri Semb.	Pahang	Penang	Perak	Selangor	Kuala Lumpur	Trengganu	Perlis	Gesamt*
Landwirtschaft und Forsten	18,1	14,1	7,1	2,6	6,9	16,2	2,4	14,2	10,3	0,2	6,0	1,9	100,0
Bergbau	5,0	1,0	0,4	0,4	0,8	2,1	0,6	29,4	19,0	1,6	39,5	0,2	100,0
Verarb. Ind.	12,8	2,2	1,3	3,0	6,6	3,6	15,6	8,6	30,9	13,3	1,7	0,4	100,0
Baugewerbe	13,1	3,6	3,4	1,9	4,1	7,3	7,5	13,1	24,6	15,2	5,5	0,7	100,0
Dienstleist.	10,7	4,8	3,7	3,0	3,8	5,4	9,4	10,7	14,5	30,2	3,0	0,8	100,0
Bevölkerungsanteil	14,3	9,4	7,9	3,8	4,8	7,7	8,1	14,9	14,0	8,9	4,9	1,3	100,0

* Nur West-Malaysia (ohne Sabah und Sarawak)

Auszug aus: Fourth Malaysia Plan 1981 - 1985, S. 99; (Chapter V: Regional Development) — M 8.11

I. Introduction

238. The **objective** of regional development under the New Economic Policy (NEP) is **to narrow** the **disparities** in the standard of living between regions by **accelerating** the rate of growth of the less-developed regions relative to those which are more developed. This is **to be achieved** through the **exploitation** of the full potential of the human and physical resources of the less-developed regions and through **equitable** distribution of basic services and **amenities**. In **pursuing** the above objective, regional development will **contribute** to the **restructuring objective** of the NEP by **increasing** the share of **Bumiputera** employment in modern economic activities and creating a strong **viable** Bumiputera commercial and industrial community through the dispersal of industries as well as the development of existing urban areas and the establishment of new townships.

Vokabelerklärungen:
objective - Ziel; to narrow - begrenzen, abnehmen; disparity - Ungleichheit; to accelerate - beschleunigen to achieve - erreichen; exploitation - Nutzung; equitable - gerecht; amenity - hier: staatl. Unterstützung, Subventionen (z.B. niedrige Mieten); to pursue - verfolgen to contribute - beitragen, mitwirken; restructuring objective - Umstrukturierungsziele; to increase - anwachsen, steigen; Bumiputera - landesübliche Bezeichnung für Malaien; viable - lebensfähig

Aufgaben:
1. Übersetze den Text.
2. Schreibe die erkennbaren Ziele der regionalen Entwicklungspolitik der malaysischen Regierung auf. Was ist über die Industrialisierungspolitik ausgesagt?
3. Vergleiche die Ziele mit den bisher erkannten Problemen in Malaysia (M 8.7 - M 8.10). Beurteile die Ziele der Regierung.

Die New Economic Policy (NEP) 1971 - 90 — M 8.12

Die "New Economic Policy (NEP) 1971 - 90" hat zwei Hauptziele:
- Erhöhung des Einkommens und damit Beseitigung der Armut sowie Schaffung weiterer Arbeitsplätze für alle Bürger Malaysias.
- Beseitigung des wirtschaftlichen Ungleichgewichts und der Identifizierung einer ethnischen Gruppe (= Volksgruppe, z.B. Malaien, Chinesen, Inder) mit bestimmten wirtschaftlichen Tätigkeiten und geographischen Standorten.

Das industrielle Wachstum soll eindeutig Vorrang haben vor der landwirtschaftlichen Entwicklung. Ziel der Regierung ist der weitere Aufbau einer exportorientierten arbeitsintensiven Industrie, d.h. es werden Industriebetriebe bevorzugt, die viele neue Arbeitsplätze schaffen (die Kosten zur Schaffung eines Arbeitsplatzes dürfen nicht zu hoch sein), die andererseits aber besonders für den Export produzieren, damit Devisen (= ausländische Zahlungsmittel) nach Malaysia strömen, mit denen wiederum im Ausland wichtige Güter eingekauft werden können. Dennoch sollen die Firmen den Vorrang erhalten, die hochwertige Produkte herstellen.

Es bestand und besteht weiterhin der Wunsch, die neuen Industrien räumlich dezentralisiert anzusiedeln, d.h. die Regionen sollen bevorzugt werden, in denen es bisher keine oder wenig Industrie gibt. Eine weitere Konzentration (z.B. auf den Raum Kuala Lumpur) ist nicht erwünscht.

Aufgaben:
1. Unterstreiche die Ziele und diskutiere deren Wichtigkeit (Reihenfolge). Äußere Dich besonders zur Industrialisierungspolitik.
2. Vergleiche die Ziele mit den bisher erkannten Problemen in Malaysia (M 8.7 - M 8.10).

M 8.13	**Maßnahmen der malaysischen Regierung zur Förderung industrieller Investitionen:**

1. Industrial "Estates" (Industrieparks)
- Wichtigste Maßnahme zur Förderung der Ansiedlung von Industriebetrieben seit 1958.
- Industriegebiete wurden von der Bundesregierung und den Staatenregierungen finanziell unterstützt: Notwendige Infrastruktur (Verkehrswege, Elektrizität, Wasser, z.T. Gebäude usw.) wurde errichtet. Parzellen wurden meist für 99 Jahre an in- und ausländische Unternehmen verpachtet.
- In der ersten Phase (bis 1971) entstanden "Industrial Estates" vor allem bei Kuala Lumpur, Johore Bahru, Taiping und Butterworth, danach auch in industriell unterentwickelten Regionen (vgl. M 8.7). 1983 wurden allein für West-Malaysia siebenundachtzig "Industrial Estates" angegeben (davon einige im Aufbau oder in Planung). Allein sechzig liegen an der West- und Süd-West-Küste, nur vier im Inland und sechzehn an der Ostküste, die z.Zt. besonders gefördert werden soll. Nicht alle Industrieparks sind besetzt, obwohl ein großer Teil der Flächen vergeben ist.

Aufgaben:
1. Erkläre die Verteilung der "Industrial Estates".
2. Erkläre, warum die "Industrial Estates" bis 1970 sich auf die Westküste konzentrierten. Nenne Gründe für die veränderte Regionalpolitik danach.

2. Free Trade Zones (FTZ) "Zollfreizonen"
- Neun "Industrial Estates" sind FTZ's
- Ansiedlung exportorientierter Industrie soll gefördert werden (seit 1971)
- Vorteile:
● steuer- und zollfreie Einfuhr von Maschinen, Rohmaterial, Zubehör
● steuer- und zollfreier Export.

Aufgabe:
Welchen Sinn haben die FTZ?

3. Steuerliche Vergünstigungen
Wie viele Industrienationen und fast alle Entwicklungsländer gewährt auch Malaysia verschiedene steuerliche Vergünstigungen, um Investoren anzulocken. Nachfolgend werden nur einige ausgewählt.

3.1 Pionierstatus
- Vorteile:
● Befreiung von der Einkommensteuer für Unternehmen (40 %) und der Entwicklungssteuer (5 %) für 2 - 5 Jahre.
● Die Befreiung kann auf 8 Jahre ausgedehnt werden, wenn
   a) der Standort des Projektes in einem anerkannten Entwicklungsgebiet liegt (vor allem Ostküste West-Malaysias und Ost-Malaysia),
   b) der Anteil der Vorprodukte zu wenigstens 50 % aus Malaysia stammt.
- Folgende Punkte müssen erfüllt sein:
● Das Projekt wird gemeinsam mit malaysischen Unternehmen durchgeführt.
● Das Projekt beschäftigt vorwiegend Malaysier (Anteil der ethnischen Gruppen ist wichtig!).
● Vorprodukte stammen vorwiegend aus Malaysia.

3.2 Beschäftigungsbezogene Vergünstigung
Diese Form ist dem Pionierstatus vergleichbar, zielt jedoch auf die Zahl der vollbeschäftigten Personen ab.

Zahl der Beschäftigten	steuerfreie Zeit	Zahl der Beschäftigten	steuerfreie Zeit
51 - 100	2 Jahre	201 - 350	4 Jahre
101 - 200	3 Jahre	mehr als 350	5 Jahre

3.3 Standortbezogene Steuervergünstigung
- Steuerfreiheit von 5 - 10 Jahren kann erhalten, wer ein Unternehmen in den unterentwickelten Bundesstaaten West-Malaysias oder in Ost-Malaysia gründet.
- Die Dauer der Steuerfreiheit richtet sich nach der Höhe des investierten Kapitals bzw. nach der Zahl der geschaffenen Arbeitsplätze.

Aufgaben:
1. Stelle die wichtigsten Ziele der Industrialisierungspolitik durch steuerliche Vergünstigungen zusammen.
2. Vergleiche sie mit den Zielen der malaysischen Regionalpolitik (M 8.11 und M 8.12).
3. Welche Aspekte (Standortfaktoren) sind hier nicht genannt, die aber z.B. für deutsche Industrieunternehmen sehr wichtig wären, falls sie in Südostasien einen Industriebetrieb errichten wollten?

Regionalpolitische Entwicklungskonzepte (Strategien) für West-Malaysia unter besonderer Berücksichtigung der Industrie

M 8.14

Aufgaben für Gruppenarbeit:
Es sollen drei regionale Entwicklungskonzepte erklärt werden. Es ist jeweils festzulegen, welche Standorte (Städte und ihr Umland) mit welchen Instrumenten (Fördermaßnahmen) ausgebaut werden sollen. Als Hauptziele sollen erreicht werden:
- Förderung unterentwickelter Gebiete
- Dezentralisierung der Industrie
  (gemeint ist eine Verteilung der neu anzusiedelnden Industrie auf die verschiedenen Regionen des Landes, um eine weitere Konzentration auf die bevorzugte Westküste (besonders Raum Kuala Lumpur) zu vermeiden).
- Gleichmäßigere Beteiligung verschiedener ethnischer Gruppen (Malaien, Chinesen, Inder).

Gruppe 1: "Strategie der regionalen Wachstumszentren"
Da die staatlichen Fördermittel nicht nach dem "Gießkannenprinzip" verteilt werden sollen, werden 12 regionale Wachstumszentren ausgewählt. Ihr Wirtschaftswachstum soll auf das Umland ausstrahlen. Ausgeschlossen bleiben Zentren, die weniger als 50 km von einem größeren Zentrum liegen (Vermeidung von Konkurrenz!). Träger der Entwicklung sollen "Schlüsselindustrien" sein, die u.a. folgende Merkmale aufweisen müssen:
- relativ große Betriebe mit großem Arbeitskräftebedarf, hohen Wachstumsraten und großem Bedarf an Zulieferungen der verschiedenen Branchen,
- hoher Absatz der produzierten Güter in andere Regionen.

Aufgaben:
1. Lege eine Folie auf die Karte zur "Mittelzentren-Politik" (Anlage) und kennzeichne alle in der folgenden Tabelle genannten Wachstumszentren durch ein Kästchen. Schlage einen Kreis von 50 km um das jeweilige Zentrum, um das Umland zu kennzeichnen.
2. Auswertung:
   - Bewerte die Entwicklungschancen nach den Aussagen der folgenden Tabelle.
   - Stelle fest, ob die o.g. Hauptziele erreicht werden können. Vergleiche dazu M 8.7 – M 8.10.
3. In der Praxis hat sich diese Strategie bis heute nicht bewährt. Äußere Dich zu den vermutlichen Ursachen.

Gruppe 2: "Achsenkonzeption"
Die begrenzten staatlichen Fördermittel sollen in West-Malaysia auf dreizehn städtische Zentren und auf die zwischen ihnen zu entwickelnden "Achsen" konzentriert werden. Entlang dieser "Achsen" sollen ausgebaut werden:
- umfassende Infrastruktur (Verkehrswege, Leitungssysteme aller Art, wie z.B. Elektrizität).
- Siedlungen unterschiedlicher Größe, insbesondere auch Städte, so daß über die "Achsen" eine Gesamterschließung des Landes möglich wird. Die "Achsen" sollen zu einer Entwicklung der Gebiete zwischen den Zentren beitragen.

Aufgaben:
1. Lege eine Folie auf die Karte "Mittelzentren-Politik" (Anlage) und kennzeichne alle in der vorstehenden Tabelle (Gruppe 1) genannten Wachstumszentren. Verbinde sie mit einem 1 cm breiten Band.
2. a) Prüfe, ob bereits heute entlang dieser "Achsen" Siedlungsverdichtungen und wirtschaftliche Aktivitäten bestehen, die weiter ausgebaut werden könnten.
   b) Vergleiche die geplante Achsenkonzeption in West-Malaysia mit der Situation in der Bundesrepublik Deutschland (z.B. Diercke Atlas S. 42 I). Worin bestehen entscheidende Unterschiede? Achte dabei besonders auf die Industrie.
   c) Sind nach Deiner Meinung die am Anfang von M 8.1 genannten Hauptziele zu erreichen? Begründe!
   d) Zusatzaufgabe:
      Äußere Dich zu dem Einwand von Fachleuten:
      "Der Ausbau von "Achsen" stärkt in West-Malaysia beim gegenwärtigen Entwicklungsstand eher die Zentren. Bereits bestehende Unternehmen in Orten der "Achsenbereiche" werden sogar geschwächt."

Gruppe 3: "Mittelzentren-Politik"
Die staatliche Förderung soll sich auf Mittelstädte (Mittelzentren) konzentrieren. Die dort zu fördernden kleineren Betriebe haben die jeweiligen Vorteile der Region zu nutzen. Die Hauptaufgabe besteht darin, die Versorgung der Region (Grundbedürfnisse!) zu verbessern. Mittlere Zentren sollen eine Mittlerfunktion zwischen den großen Zentren und dem ländlichen Raum erfüllen (vgl. Karte "Mittelzentren-Politik Peninsular Malaysia").

Aufgaben:
1. Stelle Gewerbebetriebe (Industrie und Handwerk) zusammen (Branchen!), die als Träger der Entwicklung in Frage kommen.
2. Was kann der Staat tun?
3. Sind Deiner Meinung nach die am Anfang von M 8.14 genannten Hauptziele zu erreichen?

M 8.14 Regionalpolitische Entwicklungskonzepte (Strategien) für West-Malaysia unter besonderer Berücksichtigung der Industrie (Fortsetzung)

Kriterienkatalog "Wachstumszentren"

	Rolle in der Region			Industrial Estate vorhanden	Verkehr vorhanden			
	Bevölkerung 300.000	Hauptstadt eines Staates	untergeordnete Zentren m. 10 000 Einw. vorhanden		überreg. Straße	Eisenbahn	Hafen	Flugplatz
Kuala Lumpur	ja	ja	ja	ja	ja	ja	nein	ja
Georgetown/Butterworth	ja	ja	ja	ja	ja	ja	ja	ja
Ipoh	ja	ja	ja	ja	ja	ja	nein	ja
Johor Bahru	ja	ja	nein	ja	ja	ja	ja	ja
Melakka	ja	ja	ja	ja	ja	nein	ja	ja
Seremban	ja	nein	ja	ja	ja	ja	nein	nein
Alor Setar	ja	ja	nein	ja	ja	ja	nein	ja
Kota Bahru	ja	ja	ja	ja	ja	ja	ja	ja
Kuala Trengganu	ja	ja	nein	ja	ja	nein	ja	ja
Batu Pahat	ja	nein	ja	ja	ja	nein	nein	nein
Telok Anson	nein	nein	nein	nein	nein	ja	ja	nein
Kuantan	ja	ja	nein	ja	ja	nein	ja	ja

Mittelzentren-Politik Peninsular Malaysia

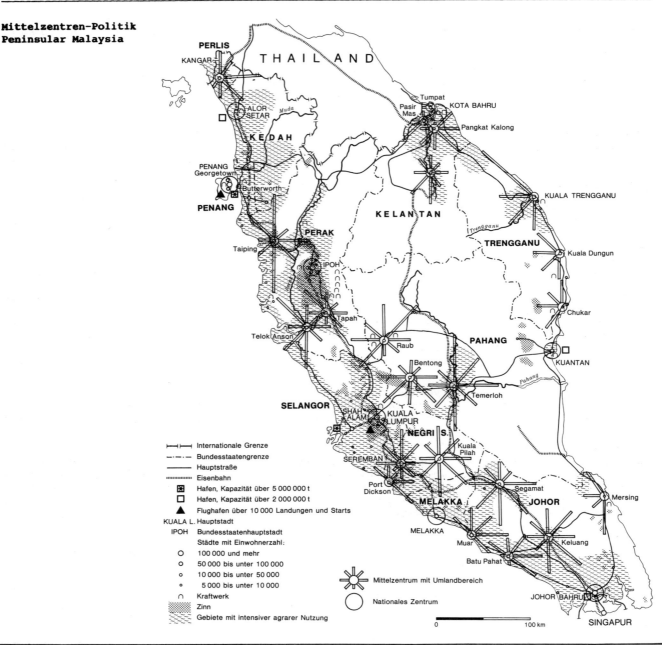

Anteil der Industriebeschäftigten an den Gesamtbeschäftigten 1984 (in %) — M 9.1

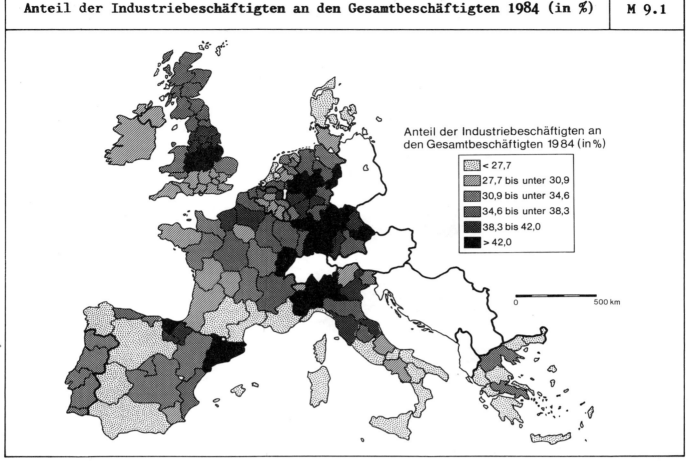

Arbeitslosenquote 1986 (in %) — M 9.2

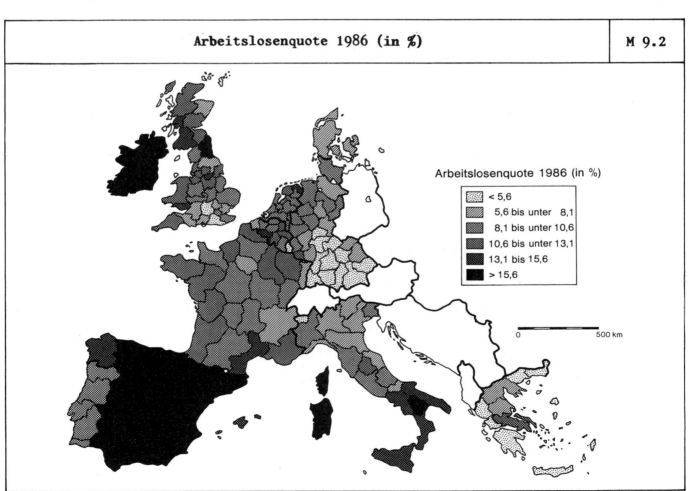

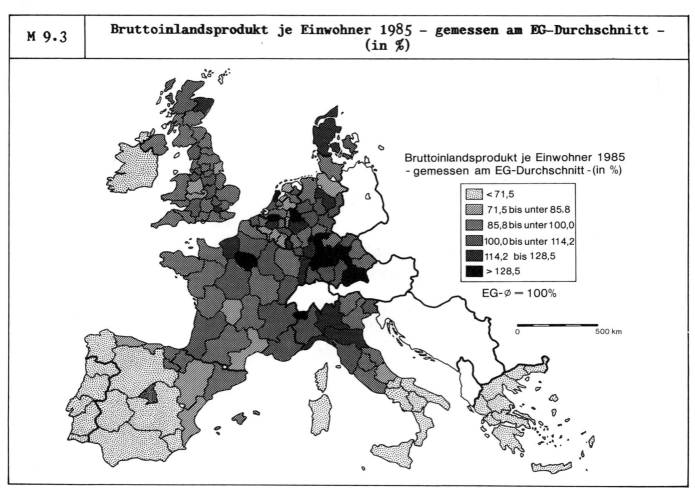

M 9.3 Bruttoinlandsprodukt je Einwohner 1985 – gemessen am EG-Durchschnitt – (in %)

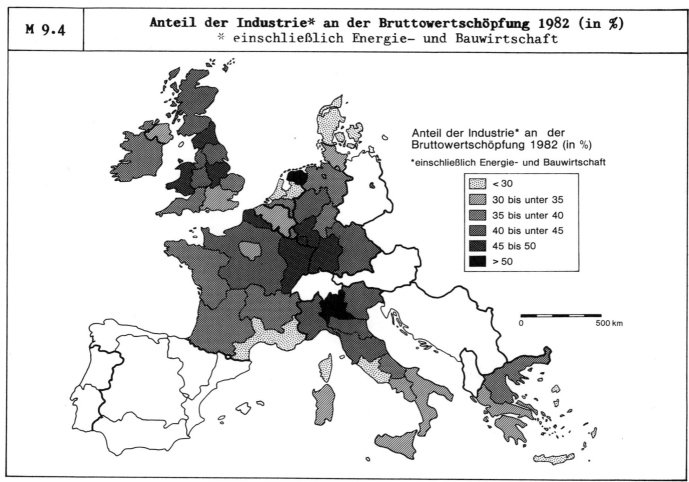

M 9.4 Anteil der Industrie* an der Bruttowertschöpfung 1982 (in %)
* einschließlich Energie- und Bauwirtschaft

Saldo der Ein- und Auszahlungen zwischen den Mitgliedsländern und dem EG-Haushalt (in Mio. ECU*)						M 9.5
	1981	1985		1981	1985	
Belgien	- 393	- 223	Großbritannien	- 753	- 1 983	
BRD	- 2 555	- 3 319	Irland	558	1 252	
Dänemark	221	292	Italien	287	851	
Frankreich	- 7	97	Luxemburg	- 19	- 42	
Griechenland	40	- 1 315	Niederlande	- 2	343	

* 1 ECU ≙ 2,23 DM (1985)

Erklärung:
1. Positive Werte bedeuten, daß diese Länder höhere Auszahlungen von der EG erhielten als sie einzahlten.
2. Negative Werte: Diese Länder zahlten mehr an die EG als sie zurückerhielten. Sie werden "Nettozahler" genannt.

EG* - Handel 1984						M 9.6
	Export			Import		
	Mrd. DM	%		Mrd. DM	%	
innerhalb der EG nach:	865,0	52,1 %	innerhalb der EG aus:	857,1	50,0 %	
USA	157,4	9,5 %	USA	138,7	8,1 %	
Japan	20,0	1,2 %	Japan	54,8	3,2 %	
übrige Staaten	618,4	37,2 %	übrige Staaten	664,9	38,7 %	
		100,0 %			100,0 %	

* noch ohne Spanien und Portugal

Export und Import von Industriewaren* der Bundesrepublik Deutschland 1986					M 9.7
Staatengruppen	Exporte nach		Importe aus		
	Mrd. DM	%	Mrd. DM	%	
EG-Staaten	232,5	49,5 %	150,3	54,3 %	
Staatshandelsländer	23,8	5,1 %	8,7	3,1 %	
USA / Kanada	57,6	12,2 %	21,0	7,6 %	
übrige Staaten	156,2	33,2 %	96,6	35,0 %	
Bundesrepublik Deutschland ges.	470,1	100,0 %	276,6	100,0 %	

* ohne "Bergbauliche Erzeugnisse" und "Energiegewinnung"

M 9.8	Ziele des Regionalfonds, Verteilung der Mittel, Fallbeispiele

Ziele des "Europäischen Fonds für Regionale Entwicklung" (Regionalfond oder EFRE)

Der Regionalfond soll seit 1975 "die wichtigsten regionalen Ungleichgewichte in der Gemeinschaft, die hauptsächlich aus ...industriellen Wandlungen und struktureller Unterbeschäftigung entstanden sind", berichtigen.
Die Fondsmittel wurden von 1979 bis 1984 in 2 Abteilungen vergeben, der **quotengebundenen** (= 95 % der EFRE-Mittel) und der **quotenfreien** (= 5 % der EFRE-Mittel). Seit 1985 werden die gesamten Mittel nach sogenannten **Richtspannen** vergeben.

Verteilung der Fondsmittel (in %)

Quotengebundene Abteilung			Richtspannen ab 1985	
Staat	1975–77	1981	Untergrenze	Obergrenze
Belgien	1,5 %	1,11 %	0,61 %	0,82 %
Dänemark	1,3 %	1,06 %	0,34 %	0,46 %
BR Deutschland	6,4 %	4,65 %	2,55 %	3,40 %
Frankreich	15,0 %	13,64 %	7,47 %	9,96 %
Irland	6,0 %	5,94 %	3,81 %	4,61 %
Luxemburg	0,1 %	0,07 %	0,04 %	0,06 %
Niederlande	1,7 %	1,24 %	0,68 %	0,91 %
Vereinigtes Königreich	28,0 %	23,80 %	14,48 %	19,31 %
Griechenland	–	13,00 %	8,35 %	10,64 %
Italien	40,0 %	35,49 %	21,59 %	28,79 %
Spanien	–	–	17,95 %	23,93 %
Portugal	–	–	10,65 %	14,20 %

1. Die quotengebundene Abteilung unterstützte zwei Arten von Projekten:
a) Errichtung oder Modernisierung von Industrie-, Handels- oder Dienstleistungsbetrieben, durch die neue Arbeitsplätze geschaffen oder bestehende erhalten werden (Die Zahl der Arbeitsplätze entscheidet über die Höhe der Mittel!). Seit 1975 konnten durch den Regionalfonds mehr als 500 000 Arbeitsplätze geschaffen oder erhalten werden.
b) Infrastrukturinvestitionen (z.B. Bau von Straßen, Stromleitungen, Wasser- und Abwassernetze), die die unter a) genannten Ziele unterstützen oder erst möglich machen.

Aufgaben:
1. a) Was sind "industrielle Wandlungen"? Nenne Beispiele!
   b) Was bedeutet "strukturelle Unterbeschäftigung"? Suche Beispiele aus der Industrie.
2. Bewerte die Verteilung der Mittel aus der "quotengebundenen Abteilung (vgl. M 9.1 – M 9.4). Beurteile diese Unterschiede von 1975 – 1977 mit 1981 und 1985. Welche Gründe erkennst Du für die Veränderung.

2. Die quotenfreie Abteilung: (5 % der Mittel)
Hier sollen nicht Großprojekte unterstützt werden, sondern kleine und mittlere Industrie- und Handwerksbetriebe, die durch "die sich ändernden weltweiten Wirtschaftsverhältnisse oder die Grenzlage innerhalb der Gemeinschaft" in Schwierigkeiten geraten sind. Es werden z.B. bezuschußt: Kosten für Marktforschung, für die Entwicklung neuer Produkte oder für die Ausbildung von Management.
Für die Zukunft ist u.a. geplant:
- Die Bundesrepublik, Frankreich und die Beneluxstaaten sollen aus der quotengebundenen Abteilung keine Mittel mehr erhalten.
- Die Mittel für die quotenfreie Abteilung sollen wesentlich erhöht werden.

Aufgaben:
1. Beurteile den Sinn der quotenfreien Abteilung!
2. Was hälst Du von der Zukunftsplanung?

| Ziele des Regionalfonds, Verteilung der Mittel, Fallbeispiele (Fortsetzung) | M 9.8 |

Die folgende Tabelle zeigt die bereits ausgezahlten bzw. bereitgestellten Mittel:

Beihilfen des Europäischen Regionalfonds

	Quotengebundene Abteilung 1975–1982		Quotenfreie Abteilung 1981–1985
	Zahl der unterstützten Investitionsvorhaben	Millionen ECU	Erste Reihe von Maßnahmen/Millionen ECU
Belgien	304	70,26	6
Dänemark	561	84,48	–
Deutschland	1 795	392,08	–
Griechenland	488	474,85	–
Frankreich	2 687	1 128,48	55
Irland	695	450,82	16
Italien	6 975	2 740,03	85
Luxemburg	9	7,23	–
Niederlande	51	100,40	–
Vereinigtes Königreich	4 238	1 707,19	58
Gemeinschaft	17 803	7 155,82	220

1 ECU ≙ 2,30 DM (Stand 14.10.1983) (europäische Recheneinheit)

Die Verteilung der Mittel auf die Regionen der EG erfolgt nach der Bedürftigkeit und ist direkt aus M 9.1 bis M 9.4 abzulesen.

c) Fallbeispiele

Aus der quotengebundenen Abteilung

1. Bundesrepublik Deutschland
Zuschüsse in Höhe von 4,2 Mio. DM zum Ausbau der Schott-Zwiesel Glasfabriken in Zwiesel, Niederbayern.
2. Irland:
Zuschuß von mehr als 24,9 Mio. DM für den Bau einer neuen Kunststoffabrik in Donegal/Nordwestirland.
3. Italien:
Zuschüsse in Höhe von 69,7 Mio. DM für eine neue Fabrik von FIAT in Foggia/Süditalien, die Dieselmotoren herstellt.

Aus der quotenfreien Abteilung

1. Vereinigtes Königreich:
Aus den 1982 bereitgestellten ca. 80 Mio. DM für das "Landesprogramm Stahlreviere", wurden bis Jahresende u.a. ausgegeben:

73,0 % für die Sanierung von Industriegelände (Abbruch alter Fabriken etc.)
17,0 % f. Unternehmensberatung
4,0 % Gemeinschaftseinrichtungen
6,0 % Förderung neu entwickelter Industrieprodukte

2. Italien:
Von den 1982 vorgesehenen ca. 150 Mio. DM wurden bis Jahresende u.a. ausgegeben:

48,0 % für kleine und mittlere Unternehmen (z.B. Unternehmensberatung, Einrichtung einer Fachberatungsstelle, Informationsgespräche)
9.5 % Studie, die prüfen soll, ob Elektronikunternehmen hier eine Chance haben
12,7 % Handwerk (Entsendung von Fachberatern in Bergdörfer)

Aufgabe:
Diskutiert, ob die genannten Fallbeispiele sinnvolle Maßnahmen darstellen.

F Quellenverzeichnis

Zum Basiswissen und Glossar allgemein:

Brücher, W. (1982): Industriegeographie. Das Geographische Seminar. Braunschweig.
(knappe Einführung mit Beispielen)

Gaebe, W./Hendinger, H. (1980): Industriegeographische Forschung und didaktische Umsetzung ihrer Ergebnisse. — In: Praxis Geographie 10, S. 282—287.
(Einleitung zu einem Sonderheft zur Industriegeographie mit Beispielen)

Gaebe, W./Maier, J. (1984): Industriegeographie. — In: Harms Handbuch der Geographie, Sozial- und Wirtschaftsgeographie 3, S. 113—279.
(Gründliche Einführung mit zahlreichen Beispielen für den Lehrer)

Maier, J./Weber, J. (1979): Räumliche Aktivitäten von Unternehmern im ländlichen Bereich. — In: Geographische Rundschau 31, S. 90—101.
(grundlegende Einführung und Beispiele)

Mikus, W. (1978): Industriegeographie. Erträge der Forschung, Bd. 104. Darmstadt.
(wissenschaftl. Standortbestimmung, Forschungsziele und -methoden)

Nohlen, D. (Hrsg.; 1984): Lexikon Dritte Welt. Reinbek.

Otremba, E. (1975): Einführung in die Vortragssitzung ‚Industriegeographie'. — In: Tagungsber. u. wiss. Abh. des Dt. Geographentages Innsbruck. Wiesbaden, S. 121—123.
(Standortbestimmung der industriegeographischen Forschung)

Schätzl, L. (1978/1981/1986): Wirtschaftsgeographie. 3 Bde. Paderborn.

Zu den Unterrichtsvorschlägen:

● *Zu UE 1 ‚Braunkohlenabbau im Rheinischen Revier'*

Brecht, Ch. u. a. (Hrsg.; 1984): Jahrbuch für Bergbau, Energie, Mineralöl und Chemie. Essen.
(jährlich erscheinendes Grundlagenwerk mit aktuellen Daten und weltweiten Vergleichsmöglichkeiten)

Der Regierungspräsident Köln (Hrsg.) (1975): Information Braunkohlentagebau Hambach. Köln.

Flecke, B. u. a. (1981): Jülicher Börde und Braunkohlentagebau. — In: Materialien für die Sekundarstufe II ‚Geographie'. Berlin.
(Arbeitsbuch für Schüler der Sek. II)

Klahsen, E. u. a. (o. J., ca. 1986): Das Rheinische Braunkohlenrevier. Materialien 1 und 2.

Reiners, H. (1977 a): Braunkohle 1. — Dt. Planungsatlas, 1, Lieferung 10; Hannover.

Reiners, H. (1977 b): Braunkohle 2. — Dt. Planungsatlas, 1, Lieferung 11; Hannover.
(farbige Karten; Tabellen u. Texte zur Erläuterung und Vertiefung)

Rheinische Braunkohlenwerke (Hrsg.) (1979): Wo neue Wälder wachsen. Köln.
(Kurze Information über Rekultivierung)

Rheinische Braunkohlenwerke (Hrsg.) (1981): Blickpunkt Rheinbraun. Köln.
(kurze Information mit Bildern und graph. Darstellungen)

Rheinische Braunkohlenwerke (Hrsg.) (1981): Umsiedlungen im Rheinischen Braunkohlenrevier. Köln.
(Kurzdarstellung mit Zahlen und Fallbeispielen)

— *Weiterführende Literatur*
Glässer, E./Arndt, H. (1978): Struktur und neuzeitliche Entwicklung der linksrheinischen Bördensiedlungen im Tagebaubereich Hambach unter besonderer Berücksichtigung der Ortschaft Lich-Steinstrass. Kölner Forsch. zur Wirtsch.- u. Soz. Geogr. 25, Köln.
(umfangreiche Fallstudie mit Kartenteil)

Schrader, M. (1986): Braunkohle — Wirtschaftliche Bedeutung, Umweltprobleme und Raumplanung: Das Beispiel „Tagebau Hambach I". Geographie und Schule, Heft 44, S. 18—27.

Maak, W./Müller-Heyne, Ch./Neumann, H./Reinhardt, K. H. (1984): Energie aus Braunkohle. Tagebau im Raum der Ville. — In: Geographie im Unterricht 9, S. 101—107.
(Unterrichtseinheit mit didaktischer und methodischer Analyse in zwei 10. Gymnasialklassen mit Arbeitsmaterial)

— *Bezugsquellen* für kostenloses Informationsmaterial zu allen wichtigen Aspekten des Braunkohlentagebaues (incl. Filme, Dias, Folien usw.): Rheinische Braunkohlenwerke AG — Presse- und Öffentlichkeitsarbeit, Postfach 410840, 5000 Köln 41.
Broschüre der ‚Hambachgruppe' (Initiative gegen diese Form des Braunkohlentagebaues) sind relativ preiswert zu erhalten bei: Klenkes, Druck & Verlag, Oranienstraße 9, 5100 Aachen.

Quellenverzeichnis

● *Zu UE 2 ‚Vom Rohstoff Zuckerrübe zum Zucker'*
Geipel, R. (1982): Industriegeographie als Einführung in die Arbeitswelt, Braunschweig.
(Methodisch ausgerichtetes Werk, Zahlen und Darstellung technischer Prozesse z. T. veraltet)
Lehrter Zucker AG (Hrsg.) (1983): Zuckerfabrik Lehrte 1883—1983.
(Jubiläumsschrift mit Bild- und Zahlenmaterial)
Verein der Zuckerindustrie (Hrsg.): Statistisches Tabellenbuch, verschiedene Jahrgänge.
Verein der Zuckerindustrie (Hrsg.) (1975), Verein der Zuckerindustrie 1850—1975.
(fachwissenschaftliche Einzelbeiträge über strukturelle Entwicklungen in der Zuckerindustrie, insbesondere auch industriegeographisch relevante Aspekte im Beitrag von B. Andreae, S. 15—80)
— *Bezugsquellen* für methodisch z. T. gut aufbereitetes Informations- und Unterrichtsmaterial:
Centrale Marketinggesellschaft der deutschen Agrarwirtschaft mBH (CMA), Postfach 200370, 5300 Bonn 2.
Verein der Zuckerindustrie, Postfach 2545, 5300 Bonn 1
— *Weiterführende Literatur*
Verein der Zuckerindustrie (Hrsg.) (1978): Zuckerindustrie — Entwicklung in Einzeldarstellungen
(umfassende Darstellung u. a. historischer, technischer, betriebswirtschaftlicher Probleme)

● *Zu UE 3 ‚Automobilindustrie in der BR Deutschland'*
Brücher, W. (1982): Industriegeographie. Braunschweig.
Döpp, W./Jungmann, W. W. (1986): Industriestandort Hoechst/Frankfurt und Opel/Rüsselsheim. — In: Praxis Geographie H. 11, S. 29—35 (vergleichende Fallstudien, eher für Sek. II)
Geipel, R. (1981): Industriegeographie als Einführung in die Arbeitswelt. Braunschweig.
Grotz, R. (1979): Räumliche Beziehungen industrieller Mehrbetriebsunternehmen. Stuttgarter Geographische Studien 93, S. 225—243.
Peter, A. (1986): Wirtschaftskraft für Ostfriesland. — In: Geographie heute, H. 40, S. 48—52 (Auswirkungen des VW-Werkes Emden)
Schöpke, H. (1987): Pendler zum Automobilwerk. — In: Praxis Geographie, H. 3, S. 29—33 (S II-Projekt zum VW-Werk Wolfsburg, bes. für handlungsorientierten Unterricht)
— *Weiterführende Literatur*
Diekmann, A. (1979): Die Automobilindustrie in der Bundesrepublik Deutschland. Köln.
Mayer-Larsen, W. (Hrsg., 1980): Auto-Großmacht Japan. Reinbek.
Seherr-Thoss, H. von (1979): Die deutsche Automobilindustrie. Eine Dokumentation von 1886—1979. Stuttgart.
Verband der Automobilindustrie e. V. ‚VDA' (Hrsg., 1982): Das Auto International in Zahlen. Frankfurt/M.

● *Zu UE 4 ‚Industrialisierung ohne Rohstoffe: Das Beispiel Singapur'*
Dresdner Bank AG (Hrsg.) (1981): Investieren in Singapur. Frankfurt/Singapore.
Fisher, C. A., Lim, D. H. B. und *Turnbull, C. M.* (1981): Singapore. Physical and Social Geography. — In: The Far East and Australasia 1981—82, 13. edition, London, S. 1032—1067.
(aktuelle Einführung, zahlreiche Tabellen)
Heineberg, H. (1986): Singapur: Aufstrebender Stadtstaat in der Krise? — In: Geogr. Rundschau 38, S. 502—509.
(farbige Karte, aktuelle Entwicklung)
Ostasiatischer Verein e. V. (Hrsg.) (1981): Ostasien, Südasien, Südostasien — Wirtschaft 1981, 30. Jahresbericht, Hamburg, S. 291—301.
(regelmäßig erscheinende Zusammenfassung mit aktuellen Wirtschaftsanalysen und -daten in deutscher Sprache. *Bezugsadresse:* Neuer Jungfernstieg 21, 2000 Hamburg 36).
— *Bezugsquellen*
Singapore Economic Development Board, Untermainanlage 7, 6000 Frankfurt/M. 1
Unter dieser Bezugsadresse sind zu erhalten:
— Singapore Economic Development Board, Annual Report (mit zahlreichen Bildern, Abbildungen und einem Verzeichnis ausländischer Firmen, die in Singapur investiert haben; erscheint jährlich).
— Jurong Town Corporation; Annual Report (mit zahlreichen Bildern und Abbildungen; erscheint jährlich).
— Wirtschaftsbulletin aus Singapur (aktuelle Informationen, erscheint mehrmals im Jahr als Faltblatt)
Weltbank (Hrsg.) (o. J.): Weltentwicklungsbericht. Washington, D. C. (erscheint jährlich, Bezugsadresse: UNO-Verlag, D-5300 Bonn 1)
Zentralverband der Deutschen Geographen (1980): Basislehrplan „Geographie". Empfehlungen für die Sekundarstufe I. Würzburg.
— *Weiterführende Literatur*
Drysdale, J. (1984): Singapore. Struggle for Success. Singapore.
Mee-Kau, N. (1979): A Shift-Share Analysis of the Growth and Structural Change of Manufacturing Industries in Singapore. — In: Internationales Asienforum, Vol. 10, Nr. 3/4, S. 275—294.
(methodisch anspruchsvollere, neuere Analyse)

● *Zu UE 5 ‚Ökonomische und politische Einflüsse auf Industriestandorte und -mobilität. Beispiel Berlin (West)'*
Brücher, W. (1982): Industriegeographie. Braunschweig.
Gaebe, W./Maier, J. (1984): Industriegeographie. — In: Harms Handbuch der Geographie, Sozial- und Wirtschaftsgeographie 3, S. 113—279.

Quellenverzeichnis

Kluczka, G. (1985): Berlin (West) — Grundlagen und Entwicklung — In: Geogr. Rundschau 37, H. 9, S. 428—436 (zur Themenvertiefung gut geeignet)
Müller, H. (1986): Berlin (West) — Hamburg — München — In: Praxis Geographie, H. 11, S. 36—41 (Unterrichtseinheit für Sek. I und II)
Presse- und Informationsamt Berlin (1985): Berliner Innovations- und Gründerzentrum, Berlin.
Rauchfuß, D. (1987): Industriestandort Berlin — In: Geographie heute, H. 47, S. 22 und 31—37 (Unterrichtseinheit für Sek. II)
Trümper, M., Zander, K. und *Zimmermann, G.* (1987): Milch, Müll und noch mehr? — In: Praxis Geographie H. 3, S. 16—19 (Nahrungsmittelversorgung und Müllentsorgung als Funktionen des DDR-Umlandes für Berlin (West))

— *Weiterführende Literatur*
Heineberg, H. (1977): Zentren in Ost- und Westberlin. Bochumer Geographische Arbeiten, Sonderreihe 9.
Heineberg, H. (1979): West-Ost-Vergleich großstädtischer Zentrenausstattung am Beispiel Berlins. — In: Geographische Rundschau 31, S. 434—442. (wichtige Zusammenfassung)
Hillenbrand, M. J. (Hrsg., 1981): Die Zukunft Berlins. Berlin.
Hofmeister, B. (1975): Bundesrepublik Deutschland und Berlin. Wissenschaftliche Länderkunden. Eine geographische Strukturanalyse der zwölf westlichen Bezirke. Bd. 8/I. Darmstadt.
Mahncke, D. (1973): Berlin im geteilten Deutschland. München/Wien.

— *Bezugsquellen*
Wirtschaftsförderung Berlin GmbH, Budapester Str. 1, 1000 Berlin 30.
Der Senator für Wirtschaft und Verkehr, Martin-Luther-Str. 105, 1000 Berlin 62: Investieren — Produzieren in Berlin.
Informationszentrum Berlin, Hardenbergstr. 20, 1000 Berlin 12.

● *Zu UE 6 ‚Der Raum mit Wachstumsindustrie: Silicon-Valley in Kalifornien/USA'*
Auffermann, V. (1984): Der zweite Goldrausch. Auf dem Erfolgskarussell von Silicon Valley. — In: Süddeutsche Zeitung vom 23. 6. 1984.
Gaul, R. (1983): Silicon Valley — das Tal der Technologie-Tüftler. — In: Die Zeit, vom 11. 3. 1983.
Gräf, H./Böhn, D. (1986): Silicon Valley — Persönlichkeiten udn gesellschaftliche Ideen als raumgestaltende Kräfte. — In: GUID, 14. Jg., H. 3, S. 139—146.
Hall, P. G./Markusen, A. K./Osborn, R./Wachsmann, B. (1983): The Computer Software Industry. Prospects and Policy Issues, Working Paper Nr. 410, Institute of Urban & Regional Development, University of California, Berkeley.
Informationen zur politischen Bildung (1986): Die Vereinigten Staaten von Amerika, H. 211, S. 36—39.
Johnston, M. (1982): High Tech, High Risk, and High Life in Silicon Valley. — In: National Geographic 162, Nr. 4, S. 459—476.
Naumann, M. (1983): Amerika liegt in Kalifornien. — In: Der Spiegel (Serie), Teil I—IV, Nr. 45—48.
Popp, K. (1987): Silicon Valley. Zentrum der mikroelektronischen Industrie. — In: Geographie und Schule, H. 49, S. 22—32 (Materialreihe UE für Sek. II)
Rügemer, W. (1985): Neue Technik — alte Gesellschaft. Silicon Valley — Zentrum der neuen Technologie in den USA (Auf 240 S. kritische Auseinandersetzung mti dem Mythos „Silicon Valley", Lit.-liste)
Der Spiegel (1982): „Club of Rome"-Bericht über Chancen und Gefahren der Mikroelektronik, Hefte 6 und 7/1982.

— *Weiterführende Literatur*
Blume, H. (1975/1979): USA 2 Bde. Wissenschaftl. Länderkunde Bde. 1 und 2. Darmstadt.
Friese, H. W./Hofmeister B. (1980): Die USA, wirtschafts- und sozialgeographische Probleme, Frankfurt/M.
Hahn, R. (1981): USA. Stuttgart.
Schürmann, E. (1981): Silicon Valley, wo liegt denn das? — In: Merian, Heft 12, S. 92—95.

● *Zu UE 7 ‚Das Ruhrgebiet in der Krise — Hilfen oder Hemmnisse durch Regionalpolitik?'*
Dege, W. (1983): Das Ruhrgebiet. Geocolleg 3. Braunschweig.
(gründliche Einführung mit umfassenden Literaturhinweisen, für Sek. II geeignet)

Finke, L./Panteleit, S. (1981): Flächennutzungskonflikte im Ruhrgebiet. — In: Geogr. Rundschau 33, S. 422—430.
(ökologisch bedingte Nutzungskonflikte und planerische Instrumente werden an Beispielen erklärt)

Klemmer, P. (1982 a): Regionale Wirtschaftspolitik. Gutachten im Auftrag des Kommunalverbandes Ruhrgebiet. Essen.
(thesenartige Zusammenstellung der Kritik an der staatlichen Förderpraxis)

Klemmer, P. (1982 b): Raumordnung und Landesplanung. Gutachten im Auftrag des Kommunalverbandes Ruhrgebiet. Essen.
(Diskussion neuerer Überlegungen zur Landesplanung, zahlreiche statistische Angaben zu Wanderungsvorgängen)

Landesregierung NRW (Hrsg., 1979): Politik für das Ruhrgebiet — Das Aktionsprogramm. Düsseldorf.
(Zusammenstellung der vor allem wirtschaftspolitisch notwendigen Maßnahmen)

Landesregierung NRW (Hrsg., 1983): Politik für das Ruhrgebiet — Aktionsprogramm Ruhr — Zwischenbericht. Düsseldorf.

Ragsch, H./Ponthöfer, L. (1982): Wirtschaftsraum Ruhrgebiet. Genese — Strukturen — Planung. Materialien zu einer Raumanalyse. Kollegmaterial Geographie, 96 S. — Dazu: Lehrerheft, 64 S.
(als Einführung gut geeignet, auch für Schüler der Sek. II)
— *Weiterführende Literatur*
Klemmer, P./Unger, A. (1975): Analyse der Industriestruktur von NRW. Dortmund.
(methodisch anspruchsvoll, z. B. Shiftanalyse; zahlreiche Karten und Tabellen)
Landwehrmann, F. (1980): Europas Revier: das Ruhrgebiet gestern, heute, morgen. Düsseldorf (als Einstieg geeignet)
Schriften des Ministers für Landes- und Stadtentwicklung des Landes NRW. (z. B. 5/81 Grundstücksfonds Ruhr oder 1/84 Freiraumbericht)
Schriftenreihe des Ministerpräsidenten des Landes NRW. (z. B. Landesentwicklungspläne mit umfangreichem Kartenmaterial)
Wiel, P. (1970): Wirtschaftsgeschichte des Ruhrgebiets. Essen.
(Grundliteratur zur wirtschaftlichen Analyse)
— *Bezugsquellen*
Der Minister für Wirtschaft, Mittelstand und Verkehr des Landes NRW — Pressereferat — Haroldstr. 4, 4000 Düsseldorf 1
Der Ministerpräsident des Landes NRW, Mannesmannufer 1a, 4000 Düsseldorf.
(vor allem Landesentwicklungsberichte)
Kommunalverband Ruhrgebiet, Kronprinzenstr. 35, 4300 Essen 1.

● *Zu UE 8 ‚Industrialisierungsprobleme und -strategien in Entwicklungsländern. Beispiel Malaysia'*
Barth, H. G. (1982): Ökologische Orientierung in Umweltökonomie und Regionalpolitik. Habil.-Schrift. Hannover.
Berrada-Gouzi, M. (1981): Raumplanung in der 3. Welt. Beispiel: Elfenbeinküste. Plan 23. Hannover.
(gute Fallstudie; Dissertation)

Klemmer, P. (1972): Die Theorie der Entwicklungspole — strategisches Konzept für die regionale Wirtschaftspolitik. — In: Raumforschung und Raumordnung, Heft 3, S. 102—107.
(kurzer, leicht zugänglicher Beitrag zur Einführung)

Krugmann-Randolf, I. (1982): Malaysia — Profil eines Schwellenlandes. In: Entwicklung und Zusammenarbeit 23, Heft 11, S. 15—21.
(journalistische Wertung)

Lim, Kok Cheong (1979): Regional policy in West Malaysia with special reference to industrial decentralization. London.
(gründliche Analyse)

Schätzl, L. (1978): Wirtschaftsgeographie 1. UTB 782. Paderborn.
(Theorien für die Wirtschaftsgeographie)

Schilling-Kaletsch, I. (1976): Wachstumspole und Wachstumszentren. Arbeitsberichte und Ergebnisse zur Wirtsch. und Sozialgeogr. Regionalforschung Bd. 1. Hamburg.
(ausführliche Darstellung auch der theoretischen Aspekte)

— *Weiterführende Literatur:*
Koschatzky, K., 1986: Trendwende im sozioökonomischen Entwicklungsprozeß West-Malaysias? Theorie und Realität. Hannover 1986.
derselbe, 1987: Malaysia. Exportorientierte Industrialisierung und Raumentwicklung. — In: Geogr. Rundschau 38, S. 495—500.
Kühne, D., 1980: Malaysia. Tropenland im Widerspiel von Mensch und Natur. Klett Länderprofile. Stuttgart. (als Buch für Lehrer geschrieben, Schwerpunkt: bevölkerungsgeographische Aspekte).
Kulke, E., 1980: Hemmnisse und Möglichkeiten der Industrialisierung peripherer Regionen von Entwicklungsländern. Empirische Untersuchung über Industriebetriebe in Kelantan/West-Malaysia. Hannover 1986.
Nohlen, D./Nuscheler, F. (Hrsg.), 1983: Handbuch der Dritten Welt. Bd. 7, 2. Aufl., Hamburg.
Rostock, U., 1977: West-Malaysia. Ein Entwicklungsland im Übergang. Tübinger Geogr. Studien 70.
Schrader, M., 1985: Urbanisierung und Industrialisierung in Malaysia. — In: Geographie heute 6, H. 32, S. 32—37.

● *Zu UE 9 ‚Industrie und Regionalpolitik in der EG'*
Bratzel, P./Müller, H. (1982): Sozioökonomische Raumstrukturen in der EG. — In: Geogr. Rundschau 34, S. 164—168 und Beihefter S. 1—4.
(farbige Karten, methodisch interessant)

Köck, H. (Hrsg.) (1980): Geographie und Schule, Heft 5, ,,Der Europa-Gedanke".
(Europa-Heft mit Einzelaufsätzen; dort weitere wichtige Literatur- und Quellenhinweise)
Wichtigste Teilbeiträge:
Hillermaier, K.: Stationen auf dem Weg zu einem Vereinigten Europa, S. 5—9.
Kunzmann, K. R.: Regionale Disparitäten in Europa, S. 22—32.
Voppel, G.: Die Europäische Gemeinschaft unter industriegeographischem Aspekt, S. 10—21.
Kommission der Europäischen Gemeinschaften (1987): Dritter periodischer Bericht der Kommission über die sozio-ökonomische Lage und Entwicklung der Regionen der Gemeinschaft. Brüssel.
(umfangreiches Daten- und Analysematerial für die Hand des Lehrers)

Rolle, Th. (1971): Europäische Zusammenschlüsse. Fragenkreise 23230. Paderborn.
(Einführung in die Institutionen)

Streit, M. E. (1975): Die Regionalpolitik der Europäischen Gemeinschaft: Motivation, Konzeption und außenwirtschaftliche Implikationen. — In: Raumforschung und Raumordnung, H. 6, S. 259—266.

Quellenverzeichnis

Voppel, G. (1980): Wandel industrieller Strukturen in Nordwesteuropa. Fragenkreise 23550. Paderborn.
(umfangreiches Daten- und Kartenmaterial, besonders Berücksichtigung von Rohstoffen, Energie, Eisen- und Stahl- und Textilindustrie)

— *Weiterführende Literatur*
Adlung, R. (1981): Wirtschaftliche Integration und regionaler Strukturwandel innerhalb der EG. Institut für Weltwirtschaft, Kiel. (aktuelle wissenschaftlich vertiefte Darstellung)
Hammerschmidt, A./Stiens, G. (1976): Regionale Disparitäten in Europa. Erscheinung, Ursachen, Wirkungen. — In: Geogr. Rundschau 28, S. 169—177. (gute Karten, methodisch interessant, zum Vergleich geeignet)
Kommission der Europäischen Gemeinschaften (1980): Die Gemeinschaft und ihre Regionen. Europäische Dokumentation. 1/80. Luxembourg.
dieselbe (1981): Die regionale Entwicklung und die Europäische Gemeinschaft. Stichwort Europa. 8/81. Luxembourg.
Pöttering, H.-G./Wiehler, F. (1983): Die vergessenen Regionen. Hannover.
Schätzl, L. (1986): Wirtschaftsgeographie, Bd. 3: Politik. Paderborn. S. 107—126.
Streit, M. E. (1981): Regionale Entwicklung und Regionalpolitik in der Europäischen Gemeinschaft. In: Raumforschung und Raumordnung 39/2—3, S. 49—55. (aktuelle Zusatzinformationen)

— *Wichtige Bezugsquellen:*
Kostenlosen Katalog über alle amtlichen Veröffentlichungen der EG anfordern: Amt für amtliche Veröffentlichungen der Europäischen Gemeinschaften; L-2950 Luxembourg (dort alle Bezugsadressen enthalten)
Kommisison der Europäischen Gemeinschaften, Presse- und Informationsbüro, Zitelmannstr. 22, 5300 Bonn.